Herstellung und Verlag:
Books on Demand GmbH, Norderstedt
ISBN 978-3-8423-6325-0

Buchcover:
Karsten Meyenberg

Synthese und Untersuchungen von peptidischen Modellsystemen für SNARE-induzierte Membranfusion

DISSERTATION

zur Erlangung des Doktorgrades
"Doctor rerum naturalium"
der mathematisch-naturwissenschaftlichen Fakultäten der

Georg-August-Universität zu Göttingen

vorgelegt von
Karsten Meyenberg
aus Göttingen

Göttingen 2011

Referent: Prof. Dr. Ulf Diederichsen
Korreferent: Prof. Dr. Reinhard Jahn
Tag der mündlichen Prüfung: 04.07.2011

Die vorliegende Arbeit wurde in der Zeit von Dezember 2007 bis Mai 2011 am Institut für Organische und Biomolekulare Chemie der Georg-August-Universität in Göttingen unter der Leitung von Prof. Dr. ULF DIEDERICHSEN angefertigt.

Mein besonderer Dank gilt Prof. Dr. ULF DIEDERICHSEN für die interessante Themenstellung, die wissenschaftliche Freiheit, die stetige Diskussionsbereitschaft sowie für die uneingeschränkte Unterstützung.

für Katrin

Diese Arbeit wurde von der Deutschen Forschungsgemeinschaft im Rahmen des SFB 803 unterstützt.

Teile der vorliegenden Arbeit wurden bereits in Fachjournalen zur Veröffentlichung angenommen oder zur Veröffentlichung eingereicht:

1. G. van den Bogaart, S. Thutupalli, J. H. Risselada, K. Meyenberg, M. Holt, D. Riedel, U. Diederichsen, S. Herminghaus, H. Grubmüller und R. Jahn, *Nat. Struct. Mol. Biol.* **2011**, *18*, 805-812, Synaptotagmin-1 may be a distance regulator acting upstream of SNARE nucleation.

2. A. S. Lygina, K. Meyenberg, R. Jahn und U. Diederichsen, *Angew. Chem. Int. Ed.* **2011**, *50*, 8597-8601, Transmembrane Domain Peptide/Peptide Nucleic Acid Hybrid as SNARE Protein Model in Vesicle Fusion.

3. K. Meyenberg, A. S. Lygina, G. van den Bogaart, Reinhard Jahn und Ulf Diederichsen, *Chem. Comm.* **2011**, *47*, 9405-9407, Membrane fusion by minimized peptide analogs of SNARE proteins.

4. G. van den Bogaart, K. Meyenberg, H. J. Risselada, H. Amin, B. E. Hubrich, M. Dier, H. Grubmüller, U. Diederichsen, R. Jahn, *Nature* **2011**, Membrane protein sequestering by ionic protein-lipid interactions, DOI 10.1038/nature10545.

Inhaltsverzeichnis

1 Einleitung und Zielsetzung

Die Fusion von Lipidmembranen ist ein Schlüsselschritt in eukaryotischen Zellen, da die Verschmelzung von Vesikeln mit einer Membran die Kommunikation von Zellen über das Ausscheiden von zum Beispiel Neurotransmittern und Hormonen ermöglicht. Auch bei der Übertragung von Krankheitserregern, wie Viren oder Bakterien, spielen Fusionsprozesse eine wichtige Rolle.[1,2]

Der biophysikalische Prozess der Membranfusion wurde eingehend untersucht, wobei die mechanistischen Untersuchungen zur Protein-freien Membranfusion wichtige Erkenntnisse für das Verständnis der Fusionsprozesse in biologischen Systemen lieferten.[2] In der Natur werden viele Fusionsprozesse von einer evolutionär konservierten Familie von Proteinen vermittelt – den sogenannten SNARE Proteinen (*soluble N-ethylmaleimide-sensitive factor attachment receptor*). Seit der Entdeckung dieser Proteinfamilie in den 1980er Jahren zielten viele Studien darauf ab, die Struktur der SNARE-Proteine zu untersuchen und den Mechanismus der SNARE-induzierten Fusion aufzuklären.[3] Besonders die Untersuchung der SNARE-Proteine der Neuroexozytose lieferten dabei neue Erkenntnisse über die Protein-induzierte Membranfusion.[4–8] Um ein besseres Verständnis der Ereignisse auf molekularer Ebene zu erhalten, wurden Modellsysteme entwickelt, die bei einer reduzierten Komplexität des Systems Untersuchungen der mechanistischen Details der Membranfusion ermöglichen.[9] Zu Beginn dieser Arbeit war noch kein Modellsystem für Membranfusion bekannt, das die Transmembrandomäne (TMD) der neuronalen SNARE-Proteine als Membrananker verwendet. Zusammen mit einer artifiziellen Erkennungseinheit ermöglicht ein solches System eine systematische Untersuchungen der Funktion der Transmembrandomänen oder der Aminosäuresequenz im Übergangsbereich zwischen Membran und SNARE-Komplex, dem sogenannten Linker.

Die Synthese eines derartigen Modellsystems für Membranfusion, das die Transmembranhelices der SNARE-Proteine Syntaxin-1A und VAMP2 des neuronalen SNARE-Komplexes als Lipidanker nutzt, stellte das zentrale Ziel dieser Arbeit dar. Das SNARE-Motiv sollte dabei durch eine künstliche Erkennungseinheit ersetzt werden. Hier wurden zwei verschiedene artifizielle Systeme für die molekulare Erkennung vorgestellt und diskutiert: zum Einen die von unserer Arbeitsgruppe entwickelten Nukleobasen-funktionalisierten β-Peptide[10–14] und zum Anderen *Coiled-Coil*-bildende

Peptide, die in anderen Arbeiten schon erfolgreich für die Membranfusion eingesetzt werden konnten.[15] In Abbildung 1.1 ist eine schematische Darstellung eines Modellsystems zu sehen, wobei die beiden Varianten der molekularen Erkennung dargestellt sind. Es galt Synthesewege zu finden, um die Modellsysteme mittels Festphasensynthese herzustellen, wobei die Verknüpfung von Transmembrandomäne und Erkennungseinheit eine wichtige Rolle spielte. Nach der erfolgreichen Synthese eines Modellsystems und den Untersuchungen der Fusionseigenschaften, zum Beispiel mittels Fluoreszenz-basierten Experimenten, sollten weitere Synthesen mit modifizierten Sequenzen erfolgen, um Rückschlüsse auf mechanistische Details der induzierten Membranfusion zu ziehen.

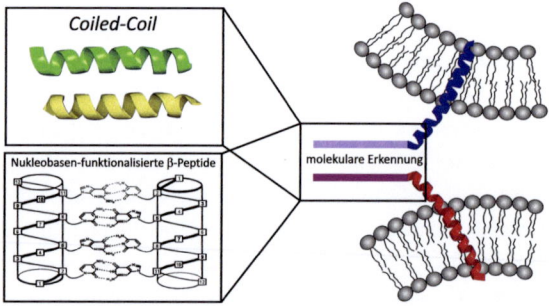

Abbildung 1.1: *Schematische Darstellung eines SNARE-Modellsystems. Die Transmembrandomänen von Syntaxin-1A und Synaptobrevin (VAMP2) (rot und blau) durchspannen Lipidmembranen. Durch molekulare Erkennung über artifizielle peptidische Systeme werden die Membrane in Kontakt gebracht und fusionieren.*

Die sogenannte optisch erzeugte Thermophorese, oder *micro scale thermophoresis (MST)*, wurde als neue Methode vorgestellt, um Bindungsstudien an Proteinen durchzuführen.[16] Die Verwendung dieser Technik für die Untersuchung von Peptidinteraktionen an der Vesikeloberfläche wurde bisher noch wenig untersucht. Experimente sollten zeigen, ob die MST eine geeignete Methode zum Beispiel für die Untersuchung von *Coiled-Coil*-Bildungen von Membran-ständigen Proteinen ist. Eine interessante Beobachtung während eines Vesikelexperiments führte weiterhin dazu, dass die MST für die Untersuchung von Vesikel-Aggregation (Vesikel-*Docking*) Verwendung finden konnte. Der Aufbau eines MST-Experiments ist in Abbildung 1.2 zu sehen.

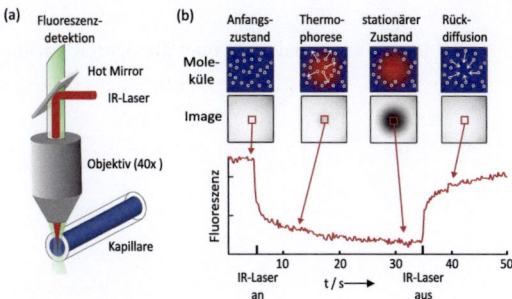

Abbildung 1.2: *a) Aufbau eines MST-Experiments. b) Verlauf der Fluoreszenz-Intensität während eines MST-Experiments. Eine detaillierte Beschreibung erfolgt in Kapitel 2.5.5.*

Im Rahmen einer Kooperation mit der Arbeitsgruppe von Prof. REINHARD JAHN am MPI für Biophysikalische Chemie, Göttingen sollten Peptid-Lipid-Interaktionen untersucht werden. Für Phosphatidylinositol-4,5-bisphosphat (PiP2) ist bekannt, dass es in bestimmten Bereichen der Plasmamembran konzentriert vorliegt und an vielen wichtigen zellulären Prozessen, wie zum Beispiel Endo- und Exozytose, Zellkommunikation und Enzymaktivierung, beteiligt ist.[17,18] Abbildung 1.3 zeigt eine Konvokalmikroskop-Aufnahme eines Lipidvesikels mit Domänen aus PiP2. Um diese Wechselwirkungen genauer zu untersuchen, sollten Transmembrandomänen und weitere Peptide synthetisiert werden, für die vermutet wurde, dass sie für die Domänenbildung von bestimmten Phospholipiden verantwortlich sind. Über die Anbindung eines Fluoreszenzfarbstoffes sollten Untersuchungen dieser Peptide mit Hilfe von zum Beispiel STED-Mikroskopie an Lipidschichten ermöglicht werden.

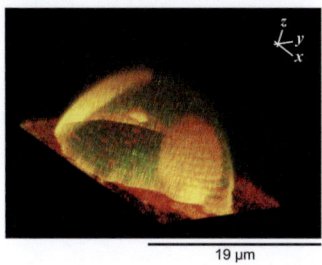

Abbildung 1.3: *Konvokalmikroskop-Aufnahme eines GUVs (giant unilamellar vesicle) in 3D-Rekonstruktion mit PiP2-Syntaxin-1A-Domänen. Siehe Kapitel 3.4.*

2 Grundlagen

2.1 Lipidmembranen und Membranfusion

Biologische Membranen, wie zum Beispiel Zellmemebranen, sind aus einer Phospholipid-Doppelschicht aufgebaut. Diese Schichten trennen die eukaryotische Zelle in verschiedene Kompartimente, was beispielsweise das getrennte Ablaufen von Reaktionen und das Aufrechterhalten eines pH-Gradienten über die Barriere der Biomembran ermöglicht. Phospholipide sind amphiphile Moleküle, typischerweise bestehend aus einer hydrophilen Kopfgruppe und zwei Alkylketten. Diese Moleküle ordnen sich in zweidimensionalen Doppelschichten von ca. 5 nm Dicke an. Die Schichten dienen als effektive Barriere für wasserlösliche Verbindungen (zum Beispiel Aminosäuren, Nukleinsäuren, Zucker, Proteine und Ionen) und kontrollieren so den Ein- und Austritt dieser Verbindungen aus der Zelle. Die Zellmembran ist von einer Vielzahl weiterer Moleküle durchsetzt, wie zum Beispiel Membranproteinen und Zuckern, die wichtige Vorgänge an der Oberfläche und über die Barriere hinweg bewerkstelligen und steuern. [19]

Das *Fluid Mosaic Model* von SINGER und NICHOLSON beschreibt die Membranen als zweidimensionale Fläche, in der Proteine verankert sind, welche sich frei bewegen und organisieren können. [20] Untersuchungen haben gezeigt, dass biologische Membranen von kleinen Domänen durchsetzt sind, die durch Lipid-Lipid-Interaktionen entstehen. [21] Diese Ergebnisse machen deutlich, dass das Modell zu sehr vereinfacht ist, um die komplexen Vorgänge an Membranoberflächen zu erklären. Abhängig von Lösungsmittel, Temperatur und Druck bilden die Lipide unterschiedliche Phasen aus. In wässriger Umgebung liegen die Lipiddoppelschichten in lamellaren Phasen vor (Abbildung 2.1). In der lamellaren Gelphase (L_β) befinden sich die Lipide in einem sehr geordneten Zustand, wobei sich die Alkylketten in einer all-*trans*-Anordnung befinden (**A**). Mittels Röntgenstrukturanalyse können verschiedene Gelphasen beobachtet werden, deren Gemeinsamkeit die eingeschränkte laterale Beweglichkeit durch den hohen Grad an Ordnung ist. Die Phase wird auch S_o-Phase (*solid-ordered*) genannt. Bei höherer Temperatur geht die Lipiddoppelschicht bei Erreichen einer charakteristischen Schmelztemperatur T_m in die fluide, oder auch flüssig-kristallin genannte Phase (L_α), über (**B**). Sowohl die Alkylketten als auch die Kopfgruppen sind in dieser Phase wenig geordnet, wodurch ein hoher Grad an translationaler Diffusion der Lipide erreicht wird. Die „Fläche-pro-Lipid" nimmt dabei, verglichen mit der Gelphase, um 15–30 % zu. Diese Phase wird auch flüssig-ungeordnete Phase (l_d, *liquid-disordered*) genannt. Die dritte Phase wird als flüssig-geordnete Phase (l_o, *liquid-ordered*) bezeichnet (**C**). Durch die Zugabe von Cholesterol wird im Bereich der Alkylketten eine mit der Gelphase vergleichbare Ordnung erreicht. Die translationale Ordnung der Gelphase ist jedoch gering, was in schneller Bewegung innerhalb der Membranebene resultiert.[9,21,22]

A   **B**   **C**

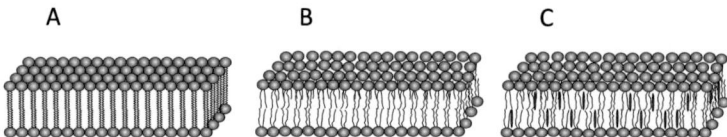

Abbildung 2.1: *Lipidphasen in wässrigen Systemen. Abbildung in Anlehnung an* SCHWILLE *et al.*[22]

Der interzelluläre Transport von Molekülen wird über das Abschnüren und die Fusion von Lipiddoppelschichten möglich, sodass diese Prozesse als Schlüsselschritt in lebenden Zellen anzusehen sind.[19] So kommunizieren eukaryotische Zellen über kleine mit Molekülen beladene Lipidvesikel, die aus einer Membran abgeschnürt werden (Endozytose) und an ihrem Bestimmungsort mit einer Lipiddoppelschicht verschmelzen, wobei sie ihren Inhalt abgeben (Exozytose).[23] Der Mechanismus der Membranfusion wird kontrovers diskutiert, da die Membranen ein energetisch ungünstiges Intermediat durchlaufen müssen. Nach der *stalk*-Hypothese (Abbildung 2.2) bildet sich entlang einer lokalen Störung ein *fusion stalk* aus, wobei die Abstoßungsenergie der Phospholipid-Kopfgruppen minimal gehalten wird.[2,24,25] Bei diesem *stalk* sind die proximalen Lipidschichten vermischt, die distalen Schichten hingegen noch separiert. Ausgehend von diesem Intermediat kann ein Hemifusions-Diaphragma entstehen, bei dem die vormals distalen Lipidschichten eine Doppelschicht ausbilden. Das Hemifusions-Diaphragma endet nach Zerreißen dieses Zwischenproduktes in der Fusionspore. Die Pore kann auch direkt gebildet werden, wobei das Diaphragma umgangen wird. Die Intermediate - und besonders der *fusion stalk* - beinhalten stark gekrümmte Monoschichten. Die Fähigkeit einer Membran eine solche Krümmungen einzugehen hängt von der Lipidzusammensetzung ab. Lipide, die von ihrer Kopfgruppe zu den Alkylketten konisch an Raumbedarf abnehmen, wie zum Beispiel Lysophosphatidylcholin (positive Membrankrümmung), verhindern die Bildung des *Stalks*. Lipide wie Phosphatidylethanolamin hingegen induzieren eine negative Membrankrümmung und unterstützen die Ausbildung des *stalk*.[26]

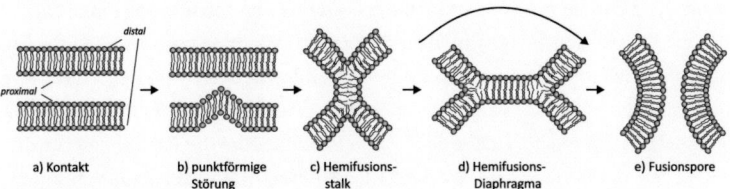

     a) Kontakt   b) punktförmige   c) Hemifusions-   d) Hemifusions-   e) Fusionspore
                    Störung   stalk   Diaphragma

Abbildung 2.2: *Stalk Hypothese: a) Zwei Membranen in einem Pre-Fusionskontakt. b) Eine punktförmige Störung minimiert die Abstoßungsenergie bei der Annäherung der proximalen Lipidschichten. c) Ein Hemifusions-stalk wird gebildet, wobei die proximalen Lipidschichten fusionieren, die distalen Lipidschichten aber separiert bleiben. d) Eine Erweiterung des Stalks führt zum Hemifusions-Diaphragma. e) Die Fusionspore bildet sich entweder direkt aus dem stalk oder über das Diaphragma. Erst bei diesem Schritt fusionieren die distalen Lipidschichten. Abbildung in Anlehnung an* CHERNOMORDIK.[2]

In der ursprünglichen Form wurden durch die *stalk*-Hypothese unrealistisch hohe Energien für die Intermediate vorhergesagt. Erst einige Jahre später wurden die Annahmen verfeinert,[27,28] sodass das Modell trotz einer markoskopischen Betrachtung und Vernachlässigung atomistischer Details die Grundlage für die Entwicklung der Mechanismen der Membranfusion gelegt hat.[29]

Eine Membran, die in ihrer Lipidzusammensetzung der biologischen Membran entspricht, ist stabil und fusioniert nicht ohne das Aufbringen von Energie. Erst durch die Interaktion von Proteinen, die in der Zellmembran verankert sind, wird eine Membranfusion möglich.[30] Dabei sind die entsprechenden Proteine an den entscheidenden Schritten, wie der Erkennung, der Stabilisierung der Hemifusion sowie Poren-Öffnung und -Erweiterung, beteiligt.[31]

Ein Mechanismus für die Protein-unterstützte Membranfusion soll im Folgenden erläutert werden. Die Proteine in den fusionierenden Membranen formieren sich zu einer geschlossenen Proteinpore, die sich durch eine Konformationsänderung analog zu einem Ionenkanal öffnet (Abbildung 2.3).[32] In der Literatur wird jedoch kontrovers über die minimale Anzahl an Proteinen diskutiert, die nötig sind, um eine Proteinpore zu bilden und darüber hinaus die Membranfusion einzuleiten. Untersuchungen innerhalb der letzten Dekade nennen fünf bis elf SNARE-Komplexe als eine minimale Anzahl für eine schnelle Membranfusion.[33–37] Kürzlich wurde jedoch gezeigt, dass in *in vitro* Experimenten ein SNARE-Protein pro Vesikel genügt, um Membranen zu fusionieren.[38] Diese Ergebnisse stellen die Modelle mit einer ringförmigen Anordnungen der Proteine zur Ausbildung einer Pore in Frage. Neben den intrazellulären Prozessen der Exo- und Endozytose finden noch weitere Fusionsreaktionen in biologischen Systemen statt: zum Beispiel erreichen Membran-ummantelte Viren die Infektion über ein Verschmelzen mit einer Wirtszelle.[39] Die Proteine, die die Grundlage für diese Arbeit darstellen, sind die SNARE-Proteine, die unter anderem an der Fusion von synaptischen Vesikeln mit der Plasmamembran beteiligt sind. Diese Proteinfamilie soll im folgenden Abschnitt genauer betrachtet werden.

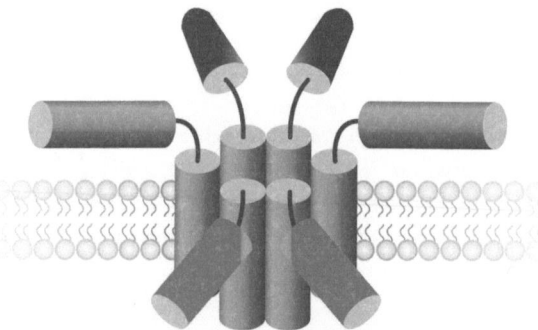

Abbildung 2.3: *Proteinpore in einer Membran.*[32]

2.2   SNARE-vermittelte Membranfusion

Die SNARE-Proteine sind seit den 1980er Jahren bekannt. Es wurden 25 verschiedene SNARE-Proteine in der Hefe *Saccharomyces cerevisiae*, 41 verschiedene im menschlichen Körper sowie 62 in der Pflanze *Arabidopsis thaliana* entdeckt.[40] SNAREs besitzen eine Domänenstruktur mit einem sogenannten SNARE-Motiv, das ca. 60–70 Aminosäuren umfasst. Die meisten SNAREs besitzen weiterhin eine Transmembrandomäne (TMD), die über kurze Linkerregionen mit dem SNARE-Motiv verbunden ist. Die TMD ermöglicht die Verankerungen der SNARE-Proteine in den Zellmembranen. Viele SNARE-Proteine besitzen zudem *N*-terminal eine unabhängig gefaltete Domäne, die in den SNARE-Untergruppen verschieden ausfällt.[23] In dieser Arbeit wird besonders der SNARE-Komplex der neuronalen Exozytose betrachtet, der aus den Proteinen Syntaxin-1A, VAMP2 (*vesicle-associated membrane protein*, auch Synaptobrevin) und SNAP-25 (*Synaptosomal-associated protein 25*) besteht.

Nach ersten genaueren strukturellen Einblicken in die SNARE-vermittelte Membranfusion wurde die sogenannte *Zipper*-Theorie aufgestellt.[41,42] Diese postuliert, dass eine Erkennung ähnlich dem Leucin-Zipper in den Domänen der SNARE-Komplexe am *N*-Terminus der Proteine stattfindet, die sich anschließend reißverschlussartig zum *C*-Terminus fortsetzt. Dafür ist eine parallele Anordnung der Membranproteine notwendig, die mit der ersten Kristallstruktur bestätigt wurde. Synaptobrevin ist auf der Vesikeloberfläche zu finden, wohingegen SNAP-25 und Syntaxin-1A auf der Zielmembran angeordnet sind und einen Akzeptorkomplex ausbilden. Dieser wird vermutlich durch die Sec1p/Munc18-Proteine (SM-Proteine) reguliert.[43] Es wird diskutiert, dass die bei der Ausbildung des SNARE-Komplexes freiwerdende Energie in der Folge die Membranfusion bewerkstelligt.[44] Neue Studien, in denen die wichtigen Bereiche des SNARE-Komplexes im Synaptobrevin mutiert wurden, um gezielt Interaktionen mit den anderen SNARE-Proteinen zu unterbinden, bestätigen den *Zipper*-Mechanismus.[45,46] Die Rolle der SNARE-Proteine für den Fusionsprozess wurde experimentell nachgewiesen. *In vitro* Untersuchungen haben gezeigt, dass rekombinant dargestellte SNARE-Protein-Fragmente vollständige Vesikelfusion induzieren können, wobei keine weiteren Proteine notwendig sind.[44]

Ein Modell für die SNARE-induzierte Membranfusion und das erneute Bereitstellen der Proteine für weitere Fusionsprozesse wurde von JAHN und SCHELLER vorgeschlagen.[3] In Abbildung 2.4 ist der Zyklus der SNARE-induzierten Membranfusion dargestellt.

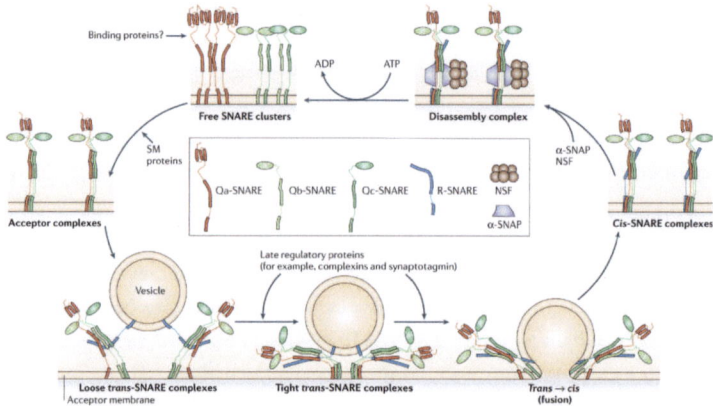

Abbildung 2.4: *Der Zyklus der SNARE-induzierten Membranfusion. Darstellung entnommen aus JAHN & SCHELLER.*[3]

Um ein allgemeingültiges Modell der SNARE-Fusion abzubilden, wurde für die Proteine die Unterteilung in Q- und R-SNAREs eingeführt. Da es sich bei den SNARE-Proteinen um eine hoch konservierte Proteinfamilie handelt, konnte eine generelle Einteilung der Proteine stattfinden. Ein SNARE-Komplex besteht danach aus einem R-SNARE und drei Q-SNAREs.[47]. In der Neuroexozytose entsprechen diese den Proteinen Synaptobrevin-2 (R), Syntaxin-1A (Qa), und SNAP25 (Qb, Qc).[47] Auf der linken Seite der Abbildung beginnend sind die Akzeptor-Komplexe aus den drei Q-SNAREs auf einer Zielmembran dargestellt, deren Bereitstellung vermutlich von den SM-Proteinen kontrolliert wird. Über Wechselwirkung des Akzeptor-Komplexes mit vesikularen R-SNAREs über die *N*-Termini der SNARE-Motive wird ein *trans*-Komplex gebildet, dessen Name in der Anordnung der TMDs in separierten Membranen begründet ist. Durch den *Zipper*-Mechanismus geht der locker-gebundene in einen fest-gebundenen *trans*-SNARE-Komplex über, wodurch die Fusionspore geöffnet wird. In der gesteuerten Exozytose sind an diesem Schritt die Proteine Synaptotagmin und Complexin beteiligt.[3] Da Synaptotagmin-1 im Rahmen der vorliegenden Arbeit untersucht wurde, soll dieses Protein am Ende des Kapitels genauer betrachtet werden. Durch das Verschmelzen der beiden Membranschichten entsteht der *cis*-SNARE-Komplex. Dieser Komplex wird durch das Protein NSF (*N-ethylmaleimide-sensitive factor*) zusammen mit SNAP (*soluable NSF attachement protein*) unter Verbrauch von ATP wieder aufgelöst und einem erneuten Durchlauf zur Verfügung gestellt.[3] Chemische Modifikationen an Proteinen, die an der Auflösung des Komplexes beteiligt sind, wurden im Rahmen der Dissertation von ANNIKA GROSCHNER in unserer Arbeitsgruppe durchgeführt.[48] Alle bisherigen *in vitro* Modelle können die schnelle Fusion *in vivo*, die zum Beispiel in der Synapse im Millisekundenbereich abläuft, nicht imitieren. Auch SNARE-induzierte Fusion wird *in vitro* noch immer um ca. Faktor 40 langsamer als im Organismus beobachtet.[49]

Synaptotagmin-1 (Syt1) ist ein integrales Membranprotein mit einer Größe von 65 kDa und ist auf synaptischen Vesikeln lokalisiert, wo es als Calcium-Sensor für die neuronale Exozytose fungiert.[50,51] Es besitzt eine Transmembrandomäne und eine lange cytoplasmatische Domäne mit einem unstrukturierten 61-Aminosäure-Linker, zwei Phospholipid-Bindungsstellen vom C2-Typ und Calcium-Bindungsdomänen, die C2A und C2B genannt werden. Diese C2-Domänen können zwei und drei Calcium-Ionen mit geringer Affinität binden und interagieren mit anionischen Lipiden und SNARE-Proteinen. Diese Wechselwirkung von Synaptotagmin-1 mit Lipiden tritt in Gegenwart von Calcium über die Calcium-Bindungsdomäne und in Abwesenheit von Calcium über eine basische Region (vier Lysine) in der C2B-Domäne auf. Über die Interaktion von Synaptotagmin-1 mit anionischen Lipiden, wie zum Beispiel Phosphatidylserin und Phosphatidylinositol-4,5-bisphosphat (PiP2), wird die Anzahl der Calciumbindungsstellen erhöht und somit auch die Affinität zu Calcium.[52–60] Über diese Peptid-Lipid-Interaktion kann Synaptotagmin, das sogenannte Vesikel-*Docken* einleiten – ein Zustand, in dem die Vesikel aggregieren, aber kein Mischen der Lipiddoppelschichten erfolgt ist.[61] Zusammen mit Complexin steuert Synaptotagmin-1 die Membranfusion bei einem Einstrom von Calcium.[62] Die Interaktion von Proteinen und Lipiden, besonders mit PiP2, werden im folgenden Kapitel genauer beschrieben.

2.3 Protein-Lipid-Interaktionen

Die Lipidmembran natürlicher Zellen ist aus einer Vielzahl von verschiedenen Molekülen aufgebaut. Maßgeblich wird die Doppelschicht von den Phosphoglyceriden bestimmt, aber auch andere Bestandteile, wie zum Beispiel Sphingolipide und Sterole, bestimmen die Eigenschaften der Membran und variieren in ihrer Häufigkeit in den unterschiedlichen Biomembranen.[63] Abbildung 2.5 zeigt eine Lipiddoppelschicht und in Vergrößerung vier Phosphoglyceride sowie das Cholesterol.

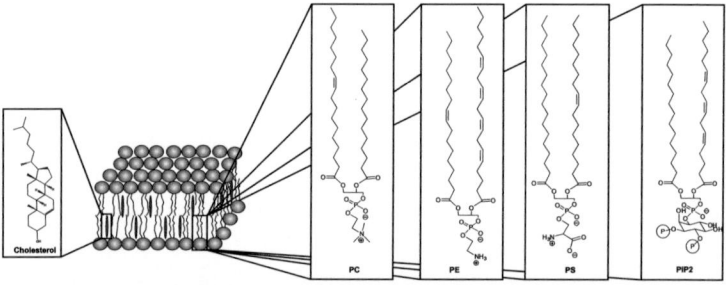

Abbildung 2.5: *Modellmembran mit den Strukturen der in dieser Arbeit verwendeten Bestandteile: Cholesterol, L-α-Phosphatidylcholin (PC), L-α-Phosphatidylethanolamin (PE), L-α-Phosphatidylserin (PS) und L-α-Phosphatidylinositol-4,5-bisphosphat (PiP2).*

Die im Rahmen dieser Arbeit hergestellten Modellmembranen wurden aus diesen Bestandteilen zusammengesetzt; Schweinehirn-Extrakte wurde als Quelle für die natürlichen Lipide verwendet.[1] In natürlichen Phospholipiden variiert die Länge der Alkylketten, daher ist nur die Struktur der dominanten Spezies in der Abbildung dargestellt. Neben einer Vielzahl verschiedener Lipidmoleküle ist die Membran von vielen unterschiedlichen Membranproteinen durchsetzt. So ist zum Beispiel allein im Genom von *Escherichia coli* die genetische Information für mehr als 1000 Membranproteine gefunden worden.[64] Das *Fluid Mosaic Model* wurde zuvor bereits erwähnt. Dieses Modell beinhaltet die Annahme, dass sich die Lipide in der Membran wie ein See verhalten und sich die unterschiedlichen Lipide zufällig in der zweidimensionalen Ebene verteilen. Des Weiteren wurde im Modell von geringen Konzentrationen an Membranproteinen ausgegangen, die im „Lipidsee" meist in monomerer Form treiben. Dabei ist die Oberfläche der

---

[1]Alle hier verwendeten Phosphoglyceride wurden aus Schweinehirn-Extrakten gewonnen, Cholesterol stammte aus Schafwolle.

Doppelschicht direkt zum wässrigen Medium ausgerichtet.[20] In jüngerer Zeit wurde diese Theorie von ENGELMAN aufgegriffen und mit den heutigen Erkenntnissen über Anzahl und Konzentrationen von Membranproteinen diskutiert.[65] In Abbildung 2.6a ist das ursprüngliche Modell dargestellt, während in Abbildung 2.6b eine vorgeschlagene Erweiterung des Modells zu sehen ist. Durch die Vielzahl an Membran-durchspannenden Proteinen, die auch untereinander wechselwirken, entstehen Bereiche in der Doppelschicht, die in ihrer Schichtdicke variieren. Die verschiedenen Biomembranen besitzen entsprechend ihrer Bestimmung unterschiedliche Konzentrationen an Proteinen. Zwei Beispiele machen dies deutlich: Die Axone von Nervenzellen werden von Myelin umgeben und beinhalten wenig Proteine. Thylakoide, Membranen an denen Photosynthese stattfindet, besitzen sehr viele Proteine. Es kann daher kein allgemeingültiges Modell geben, das die Protein-Lipid-Interaktion hinreichend beschreibt.

a   **b**

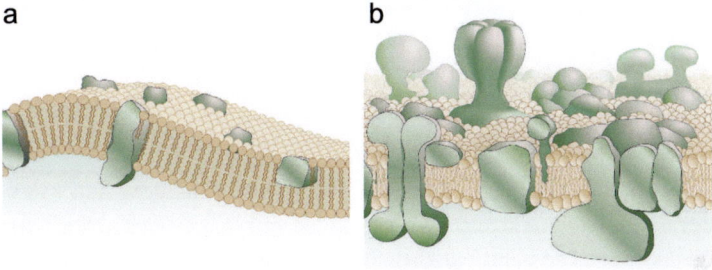

Abbildung 2.6: *a) Fluid Mosaic Model nach* SINGER *und* NICHOLSON. *b) Aktualisierung des Modells.*[65]

In der heutigen Vorstellung sind biologische Membranen von Mikrodomänen verschiedener Lipide und Proteine durchsetzt. Diese Domänen unterstützen die Kompartimentalisierung zellulärer Prozesse.[63]

Im Rahmen dieser Arbeit wurde die Protein-Lipid-Interaktion von Phosphatidylinositol (4,5)-bisphosphat (PiP2) untersucht. Phosphatidylinositol gehört zu den Phosphoglyceriden und tritt in verschiedenen Phosphorylierungsstufen auf. Am Inositolring können die Positionen 3', 4' oder 5' von Phosphatidylinositol-Kinasen phosphoryliert oder dephosphoryliert werden, wobei sieben Isoformen des Lipids entstehen.[66] In der Plasmamembran ist das PiP2 mit ca. 1% am häufigsten vertreten.[17] Untersuchungen haben gezeigt, dass PiP2 in viele Zellprozesse, wie zum Beispiel Endo- und Exozytose, involviert ist und mit diversen Proteinen über unstrukturierte basische Aminosäurereste oder strukturierte Domänen wechselwirken kann.[17,67] In der neuronalen Exozytose wird über die PiP2-Konzentration in der Plasmamembran die Größe des sogenannten *ready releasable pools* geregelt. Dies ist das Reservoir an Vesikeln, die an die Membran *docken* und bereit zur Fusion sind, wobei das Auffüllen dieses Pools von PiP2-gebundenen Proteinen – zum Beispiel dem bereits im letzten Kapitel erwähnten Synaptotagmin-1 – bewerkstelligt wird.[68] In Untersuchungen wurde gefunden, dass PiP2 lokal angereichert an den Stellen der Membran vorliegt, wo Vesikel *docken* und sich darüber hinaus in Mikrodomänen mit Syntaxin-1A anreichert.[69,70] JAMES *et al.* schlagen zwei Mechanismen vor, über die PiP2 in die Exozytose eingreift. Zum Einen inhibiert die positive Kurvatur, die das Peptid auf die Membran ausübt, die Fusion. Dieser Einfluss kann aber durch die Interaktion mit polybasischen Domänen der SNARE-Proteine in der Nähe der Kopfgruppen der Phospholipide kompensiert werden. Zum Anderen gibt es Hinweise auf Interaktionen von PiP2 mit weiteren Proteinen, wie Synaptotagmin, sodass ein Einfluss auf die Membranfusion auch über diese Wechselwirkung begründet sein kann.[68]

2.4 Molekulare Erkennung

Molekulare Erkennung ist durch nicht-kovalente Bindungen und Kräfte, die zwischen zwei oder mehreren Molekülen wirken, gekennzeichnet. Diese Interaktionen sind in biologischen Systemen allgegenwärtig. Sie spielen jedoch auch im Design von neuen supramolekularen Systemen eine entscheidende Rolle.[71,72] Im Nachfolgenden sollen die für diese Arbeit wichtigen Konzepte der molekularen Erkennung vorgestellt werden.

2.4.1 *Coiled-Coil*

Die Anordnung von Peptiden und Proteinen in einer α-Helix wurde von PAULING, COREY und BRANSON vorhergesagt und mit der Kristallstruktur von Myoglobin experimentell bestätigt.[73,74] Schon kurz nach dem Strukturvorschlag diskutierte CRICK die Möglichkeit, dass sich die α-Helices untereinander zu einer größeren Helix aufwinden.[75] Heute wird vermutet, dass 2.5-10% aller Proteinreste in α-helicalen *Coiled-Coils* vorliegen.[76,77] Dabei sind diese Strukturen nicht nur ubiquitär vertreten, sondern spielen auch eine wichtige Rolle für die Funktion von Proteinen. So wird über die Erkennung von zwei oder mehr α-Helices ein Verbund der übergeordneten Struktur erreicht.[78] Abbildung 2.7 verdeutlicht den Übergang von den Grundbausteinen, den Aminosäuren, zu komplexen Strukturen.

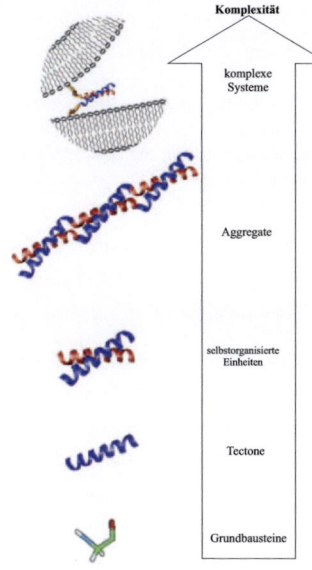

Abbildung 2.7: *Übersicht der Selbstorganisation in biologischen Systemen: Von den Grundbausteinen, zu α-Helices, über Coiled-Coils zu höheren Aggregaten, bis hin zu komplexen Systemen.[79] Als Beispiel für das komplexe System ist die Verwendung eines Coiled-Coils als Modellsysteme für Membranfusion gezeigt.[15]*

Da Mutationen in *Coiled-Coil*-Proteinen die Ursache für viele Krankheiten sind, wurde in den letzten Jahren versucht, die Identifikation und Charakterisierung dieser Proteine voranzutreiben.[78,80] Rose *et al.* fanden heraus, dass kürzere *Coiled-Coils* als spezifische Binder dienen, während größere Domänen in zelluläre Prozesse involviert sind. Hier können beispielhaft die Proteine des Intermediärfilaments sowie die Motorproteine Kinesin und Myosin genannt werden.[81]

Auch für die molekulare Erkennung und Selbstorganisation von *De Novo*-Peptiden wird das *Coiled-Coil*-Motiv verwendet.[79,82] Hiefür ist es von besonderer Bedeutung, den Mechanismus der Helix-Interaktionen zu verstehen: Die Spezifität der Helix-Helix-Interaktion hängt von der Aminosäure-Sequenz ab. Die meisten *Coiled-Coils* weisen eine Heptade „$a-b-c-d-e-f-g$" auf, wobei die Positionen a und d häufig von apolaren Aminosäuren besetzt sind und die Positionen g und e oft über geladene Seitenketten interagieren (Abbildung 2.8).[83]

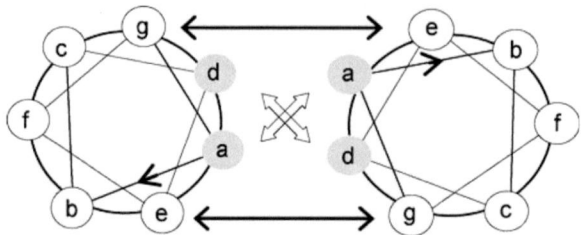

Abbildung 2.8: *Zwei Heptaden eins parallelen Dimers, angeordnet zu einem Coiled-Coil. Die Windungen der beiden α-Helices zeigen in die Papierebene.*[79] *Die Aminosäuren a und d besitzen oft hydrophobe Seitenketten, die Aminosäuren g und e interagieren dagegen über Ladungswechselwirkungen.*

Die Interaktion zweier Helices wird durch vier nicht-kovalente Bindungen induziert: Dies sind hydrophobe Wechselwirkungen, ionische Wechselwirkungen, Wasserstoffbrücken und $\pi - \pi$-Wechselwirkungen.[84]

Hydrophobe Wechselwirkungen: Diese Interaktion - auch hydrophober Effekt genannt - liefert den größten energetischen Beitrag beim Aufbau der quartären Interaktion von Proteinen. Je besser dabei die hydrophoben Seitenketten der beiden Helices zueinander passen, desto stabiler wird der Komplex. Zwar kann der Oligomerisierungsgrad und die relative Anordnung der *Coiled-Coils* hierüber beeinflusst und gesteuert werden, im Design von *De Novo*-Peptiden müssen für die Spezifität der Bindung jedoch noch weitere Prinzipien der molekularen Erkennung verwendet werden.[85]

Ionische Wechselwirkungen: An den hydrophoben Kern der Helix schließen sich oft Aminosäuren mit geladenen Seitenketten an. Sind die Reste so angeordnet, dass die eine Helix positiv und die andere Helix negativ geladen ist, werden ausschließlich Heterodimer, aber keine Homodimere, gebildet.[86] Dies wird auch als *Negativ-Design* bezeichnet,[85] da die Spezifität durch die Destabilisierung einer anderen Paarung zustande kommt. Gesteuert werden kann diese Wechselwirkung zudem noch über die Salzkonzentration und den pH-Wert. Diese Wechselwirkung leistet den wichtigsten Beitrag zur Spezifität der *Coiled-Coil*-Interaktion.

Wasserstoffbrücken-Bindungen: Der zusätzliche Einbau von Wasserstoffbrücken-bildenden Resten stellt eine weitere Möglichkeit dar, Spezifität in die *Coiled-Coil*-Bildung zu induzieren. Durch den Austausch einer einzigen in einer zentralen Position des *Coiled-Coils* befindlichen Wasserstoffbrücken-bildenden Aminosäure gegen eine andere konnte in einer Mischung aus sechs Peptiden die Bildung von nur drei Heterodimeren nachgewiesen werden.[87]

$\pi - \pi$-*Wechselwirkungen:* Die Wechselwirkung von Aminosäuren mit aromatischen Seitenketten setzt sich aus einem hydrophoben Beitrag und einem elektrostatischen Beitrag, der aus dem Quadrupolmoment resultiert, zusammen.[88] Diese Interaktion kann sowohl α-Helices als auch β-Faltblatt-Strukturen stabilisieren und kommt häufig im Proteinkern vor. Sie wird, wie auch die hydrophoben Wechselwirkungen, häufig genutzt, um Komplexe zu stabilisieren.[88] Kürzlich wurde die Quadrupol-Wechselwirkung von Phenyl- und Pentafluorophenyl-Seitenketten verwendet, um ebenfalls Spezifität in die Helix-Helix-Erkennung einzubringen.[89]

De Novo-Coiled-Coils, die zum Beispiel in der Affinitäts-Chromatographie und als universelle Dimerisierungsdomänen für Biosensoren Verwendung finden sollten, wurden von mehreren Arbeitsgruppen vorgestellt.[90–94] Eine Vielzahl an Sequenzen wurde synthetisiert und auf ihre Eigenschaften in der *Coiled-Coil*-Bildung untersucht. In Tabelle 1 sind lediglich die für diese Arbeit wichtigen Sequenzen dargestellt. Dabei bezeichnen die vier Buchstaben IAAL und ISAL die Aminosäuren in den Positionen *a b c* und *d* der Heptade. Die Positionen *e* und *g* werden entweder von Lysin (K) oder Glutaminsäure (E) eingenommen. Position *f* wird entsprechend mit dem komplementären K oder E besetzt. Sie erhöht die Wasserlöslichkeit und reduziert die Nettoladung des Peptids. Die Zahl im Namen bezeichnet die Wiederholungen der Heptade.

Name	Sequenz
IAAL E3	Ac-EIAALEKEIAALEKEIAALEK-NH$_2$
IAAK K3	Ac-KIAALKEKIAALKEKIAALKE-NH$_2$
ISAL E4	Ac-EISALEKEISALEKEISALEKEISALEK-NH$_2$
ISAL K4	Ac-KISALKEKISALKEKISALKEKISALKE-NH$_2$

Tabelle 1: Verwendete Coiled-Coil Sequenzen.

Der Aufbau dieser *Coiled-Coil*-Peptide ist durch das zuvor erwähnte *Negativ-Design* bestimmt. Die ionischen Wechselwirkungen jeweils am Rand des hydrophoben Bereichs der Helix sind so angeordnet, dass das Homodimer destabilisiert, aber das Heterodimer stabilisiert wird. Die hier gezeigten *Coiled-Coils* stellen optimierte Sequenzen dar, die durch gezielten Austausch von einzelnen Aminosäuren erhalten wurden. Durch den

17

Austausch einzelner Aminosäuren, wie zum Beispiel von Valin durch Isoleucin wurde ein Energiegewinn von 0.47 kcal/mol erreicht. Dafür wurden die *Coiled-Coil*-Paare VSAL E4/K4 mit ISAL E4/K4 und VAAL E3/K3 mit IAAL E3/K3 verglichen.[93]

In Tabelle 2 sind einige Parameter zu den für diese Arbeit wichtigen Sequenzen dargestellt.

Name	K_d	Oligomerisierungsgrad
IAAL E3/K3	7×10^{-8}	Dimer
ISAL E4/K4	6×10^{-9}	Tetramer

Tabelle 2: *Wichtige Parameter der verwendeten Coiled-Coil Sequenzen.*

Beide *Coiled-Coils* besitzen eine Dissoziationskonstante im nanomolaren Bereich, es fällt jedoch auf, dass der Wert bei den Sequenzen mit vier Heptaden um eine Größenordnung kleiner ist. Eine weitere Heptade liefert über den hydrophoben Effekt demnach einen beachtlichen Beitrag zur Stabilität des Komplexes. Der Oligomerisierungsgrad der *Coiled-Coils* wurde mittels analytischer Ultrazentrifugation über das Sedimentationsgleichgewicht bestimmt. Für IAAL E3/K3 wird dabei ein 1:1 Dimer gefunden, während ISAL E4/K4 das Molekulargewicht eines Tetramers zeigt. Das Tetramer wurde lediglich für diese Sequenz, nicht aber für ein *Coiled-Coil* aus IAAL E4/K4 beobachtet (Dimer). ISAL E4/K4 ist damit das erste Beispiel für ein *Coiled-Coil*, bei dem eine Änderung der Aminosäure in Position *b* der Heptade einen Wechsel im Oligomerisierungsgrad bewirkt.[93]

2.4.2 Nukleobasen-funktionalisierte β-Peptide

β-Peptide wurden maßgeblich von GELLMAN und SEEBACH untersucht, wobei die durch das Rückgrat vorgegebenen favorisierten Sekundärstrukturen bestimmt wurden.[95–103] β-Peptide aus β³-Aminosäuren bilden schon ab einer Sequenzlänge von sechs Aminosäuren eine stabile Sekundärstruktur aus, während α-Peptide 15-20 Aminosäuren für vergleichbar stabile Addukte benötigen.[104] Des Weiteren sind β-Peptide resistent gegen den proteolytischen Abbau *in vitro* und *in vivo*, wodurch ein Vorteil gegenüber α-Peptiden im Hinblick auf die Verwendung als Peptid-basierte Wirkstoffe gegeben ist.[105] Als stabile und favorisierte Sekundärstrukturen sind die 8-, 10-, 12-, 14-Helix sowie die 10/12-Helix für β-Peptide bekannt, wobei die Zahlen die Anzahl der Atome zwischen den Wasserstoffbrücken-bildenden Atomen angeben. Die genannten Helices unterscheiden sich in der Anzahl der Aminosäurereste, die jeweils auf eine Windung entfallen. So besteht die Windung einer 12-Helix aus 2.5 Aminosäuren und die Windung einer 14-Helix aus exakt 3 Aminosäuren, wobei die Aminosäuren auf den Positionen i und $i + 3$ dieselbe Orientierung besitzen. Diese Tatsache ermöglicht es, in der 14-Helix gezielt eine oder mehrere Helixflanken zu modifizieren (Abbildung 2.9).

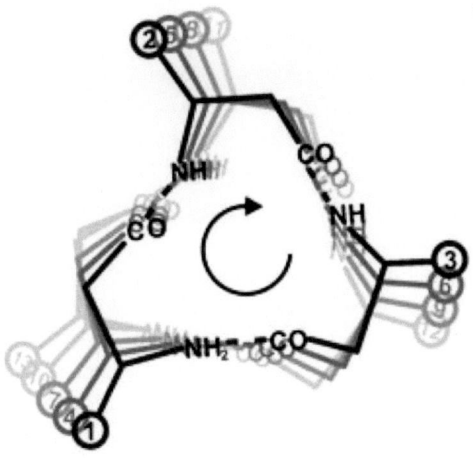

Abbildung 2.9: *Schematische Darstellung einer 14-Helix mit drei Flanken gleichorientierter Reste.*[13]

Verwendet man für die Modifizierung der Helixflanken Nukleobasen-funktionalisierte β_3-Aminosäuren, so erhält man bei Anordnung der Basen auf derselben Flanke ein β-Peptid, das über die Basenpaarung mit einem weiteren β-Peptid zu molekularer Erkennung befähigt ist. Ein Beispiel für die Anordnung von zwei Nukleobasen-funktionalisierten β-Peptiden ist in Abbildung 2.10 dargestellt.

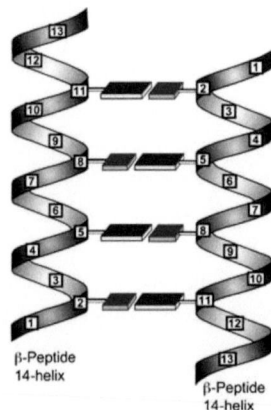

β-Peptide
14-helix

β-Peptide
14-helix

Abbildung 2.10: *Ausbildung einer antiparallel angeordneten β-Peptid-Helix durch Nukleoba-senpaarung.*[14] *Die Paarung sowie die Stabili-tät ist Abhängig von der Sequenz der Basen und kann über diese beeinflusst werden.*

Im Fall der DNA findet Basenpaarung allein im sogenannten *Watson–Crick Modus* statt, obwohl die Donor-Akzeptor-Abfolge der Wasserstoff-Brücken-bindungen der Nukleobasen noch andere Modi zuließe. Erst der topologi-sche Einfluss des Desoxyribosylphosphodiester-Rückgrats bedingt die Paa-rung nur über den genannten Modus.[106–108] Nukleobasen-funktionali-sierte β-Peptide besitzen die Bevorzugung des *Watson–Crick Modus* nicht, sodass auch andere Paaarungsmodi denkbar sind. Die Synthese der Mono-merbausteine sowie der β-Peptide mit Nukleobasen für die Verwendung im *De Novo*-Design von Tertiärstrukturen wurde von unserer Arbeitsgrup-pe gezeigt.[10–14] Um die Präferenz der Helices für eine parallele oder anti-parallele Anordnung zu untersuchen, wurden verschiedene Sequenzen syn-thetisiert (Abbildung 2.11) und Temperatur-abhängige UV-Schmelzkurven aufgenommen, wobei höhere Schmelztemperaturen für die antiparallele Anordnung der Sequenzen bestimmt wurden. Die Ergebnisse sprechen für eine generelle Bevorzugung der antiparallelen Anordnung der Helices.[14]

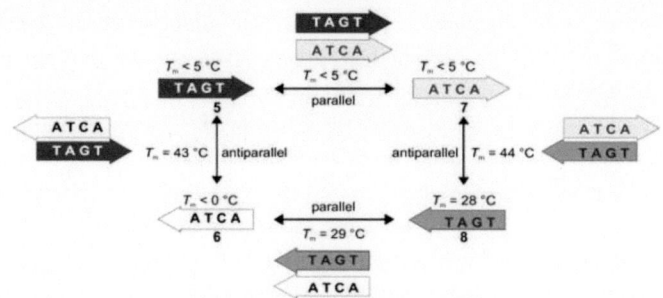

Abbildung 2.11: *Sequenzabhängige Paarung von Nukleobasen-funktionalisierten β-Peptiden im parallelen bzw. antiparallelen Modus.*[14]

Sowohl *Coiled-Coil*-bildende Peptide, als auch die Nukleobasen-funktionalisierten β-Peptide werden in Kapitel 3 erneut aufgegriffen und die Möglichkeiten der Verwendung dieser Konzepte für die molekulare Erkennung in Modellsystemen für Membranfusion diskutiert. Zunächst soll im folgenden Abschnitt zusammengefasst werden, welche Modellsysteme bereits bekannt sind.

2.4.3 Modellsysteme für Membranfusion

In den letzten Jahren wurden verschiedene Modellsysteme für Membranfusion vorgestellt und kürzlich in einem Übersichtsartikel zusammengefasst.[9] Eine Einteilung kann nach den Modellsystemen getroffen werden, die eine Membranfusion durch gezielte Interaktion induzieren und denen, die das Verschmelzen der Lipiddoppelschichten durch unspezifische Wechselwirkung einleiten.

Die Metallionen-induzierte Fusion zählt zur Gruppe der unspezifischen Interaktion. Indem die Lipide in den Vesikeln mit Bipyridin-Liganden versehen wurden, kann Vesikelfusion nach Zugabe von bivalenten Ionen wie Cobalt oder Nickel beobachtet werden. Dabei entstehen multilamellare Vesikel, wobei das Fusionsereignis ohne den Verlust an Vesikelinhalt an die Umgebung auskommt.[109] Die starke Abhängigkeit der Fusion von der Lipidzusammensetzung wurde durch Calcium-Induktion gezeigt. Darüber hinaus wurde der Einfluss der Beweglichkeit der Membranbestandteile untersucht, indem die Lipide über Verknüpfung der Kopfgruppen oligomerisiert wurden. Nicht-oligomerisierte Lipide fusionieren bei Calcium-Zugabe, oligomerisierte Lipide jedoch nicht, wobei die verminderte laterale Diffusion der Lipide in der Membran als Grund für den inhibitorischen Effekt genannt wird.[110–112] Im Allgemeinen fusionieren Membranen nur oberhalb der Schmelztemperatur (T_m) der Lipide, da unterhalb dieser Temperatur die Flexibilität der Membran nicht gewährleistet ist.[9] Hemagglutinin – ein Peptid, das die virale Fusion durch Destabilisierung der Membran einleitet – wurde in anderen Studien genutzt, um Vesikelfusion zu untersuchen. Auch diese Fusion resultiert aus einer Interaktion der Peptide mit der Lipiddoppelschicht und nicht aus einer spezifischen molekularen Erkennung. Die pH-Abhängigkeit dieser Peptid-Lipid-Interaktion konnte experimentell nachvollzogen werden.[113–115] Auch der von der viralen Fusion bekannte Verlust an Vesikelinhalt an die Umgebung wurde bei den Untersuchungen mit diesen Modellpeptiden beobachtet.[116] Der Einfluss von Transmembrandomänen (TMD) von Membranproteinen auf die Fusion wurde in einem Übersichtsartikel zusammengefasst.[117] Membranfusion konnte durch die Verwendung der TMDs von VAMP2 und Syntaxin-1A in *in vitro* Experimenten erreicht werden, nicht jedoch, wenn eine TMD gegen ein Kontrollpeptid ausgetauscht wurde. Die Membranfusion war in diesem Fall sehr stark von Calcium abhängig. In natürlichen Systemen bringt das *Zippering* der SNARE-Proteine die Membranen in räumliche Nähe. In diesem Fall wird dies durch die Aggregation über die Calcium-Ionen erreicht.[118] Die Membranfusion in nativen Systemen ist hoch spezifisch und stark reguliert. Auch die durch Modellsysteme induzierte Membranfusion sollte diese Spezifität aufweisen. Dafür ist eine molekulare Erkennung zweier Membran-gebundener Moleküle erforderlich. Die nun folgenden Modellsysteme gehören zu der Gruppe, die die Fusion durch eine gerichtete Interaktion induzieren können.

Ein sehr vereinfachtes Modellsystem nutzt die Reaktion von Alkoholen mit Boronsäuren zu einem Boronsäureester als eine Art der spezifischen Interaktion aus. Es wurden Vesikel mit unterschiedlichen Lipidzusammensetzungen hergestellt. Eine Vesikelpopulation enthielt dabei Phosphatidylinositol und die andere Population wurde mit einem synthethisch hergestellten Lipid versehen, das mit Boronsäure funktionalisiert war. Dabei wurde festgestellt, dass die Boronsäure mittels einer Polyethylenglykol-Kette aus der Kopfgruppenregion herausragen muss, da ansonsten keine Fusionsaktivität beobachtet wurde.[119] Eine Erweiterung des Systems führt eine pH-Abhängigkeit ein, wobei die Fusion erst im sauren Milieu (pH 5) stattfindet.[120] Die spezifische Erkennung von DNA-Einzelsträngen wurde von verschiedenen Gruppen untersucht. Ein Modellsystem besteht aus DNA-

Strängen, die mit Hilfe von Cholesterol in der Membranoberfläche verankert wurden. Die Cholesterolverknüpfung wurde so gewählt, dass die komplementären Stränge antiparallel hybridisieren, um so die von den SNARE-Proteinen bekannte antiparallele Anordnung und das *Zippering* nachzuempfinden.[121,122] Der Einfluss der Länge der DNA-Stränge sowie die Anzahl der verankernden Cholesterol-Gruppen wurde untersucht.[123] Dabei wurde festgestellt, dass die Verlängerung der DNA zwar zu einem erhöhten Anteil an g*edockten* Vesikeln führt, aber nicht den Anteil der fusionierten Vesikel erhöht. Daraus lässt sich schliessen, dass die Membranfusion eher von der Spannung, die die Doppelstrangbildung auf die Membran ausübt, abhängt als von der bei der Hybridisierung freiwerdenden absoluten Energie.[124]

Die Arbeitsgruppe von BOXER nutzt ebenfalls die DNA-Paarung, um Membranfusion zu untersuchen. Die Verankerung in den Vesikeln erfolgt über Lipide, die in 5'- beziehungsweise 3'-Position mit der DNA verknüpft wurden. Auch hier konnte gefunden werden, dass bei Experimenten mit gegensätzlicher Orientierung (eine Population mit dem 5'-Konstrukt, eine Population mit dem komplementären 3'-Konstrukt) ein höherer Anteil an Membranfusion zu beobachten ist.[125,126] Die Rolle des Molekülteils im Übergang vom Membran-verankernden Segment zum Bereich der molekularen Erkennung – dem sogenannten Linker – wurde durch die Einbringung von 2–24 weiteren nicht-komplementären Basen untersucht, wobei mit steigender Länge der Anteil der g*edockten* Vesikel zunahm, der Anteil der Fusion jedoch herabgesetzt wurde.[126] Weitere Modellsysteme machen sich die spezifische Erkennung von Peptiden zunutze. Ein Beispiel dafür ist die Verwendung von Vancomycin als selektiver Sensor für ein D-Ala-D-Ala-Motiv am C-terminalen Ende des Peptids.[127] Vancomycin wurde mit dem antimikrobiellen Peptid Magainin II verknüpft, um so an die Membran zu binden. Die Membranbindung des D-Ala-D-Ala-Motivs wird über die Bindung zu einem Phospholipid erreicht. Die Fusionsrate ist abhängig von der Lipidzusammensetzung und speziell von der Ladung der Oberfläche, da Magainin selektiv an negativ geladene Membranen bindet und diese destabilisiert.[128,129]

Parallel zu der vorliegenden Arbeit wurde in unserer Arbeitsgruppe ein weiteres Modellsystem entwickelt, das die Membranfusion über spezifische Erkennung induziert.[130] Im Rahmen der Dissertation von ANTONINA LYGINA wurden die Transmembrandomänen der SNARE-Proteine Syntaxin-1A und VAMP2 mit einer Erkennungseinheit aus Peptidnukleinsäuren (PNA) verlängert, die aus einer einander komplementären Basensequenz bestehen (Abbildung 2.12). Da die Orientierung der PNA über die Basensequenz eingestellt werden kann, besteht mit diesem Modellsystem die Möglichkeit, den Einfluß einer antiparallelen oder parallelen Anordnung des Erkennungskomplexes auf die Fusion zu untersuchen. Die parallele Anordnung, wie sie auch im natürlichen SNARE-Komplex vorliegt, weist dabei eine höhere Fusogenizität auf. Entgegen der Anordnung des natürlichen SNARE-Komplexes wurde auch bei antiparalleler Orientierung der Modellpeptide eine Membranfusion beobachtet. Des Weiteren konnte auch ein Einfluss der TMD-Sequenzen auf die Fusion nachgewiesen werden. Bei der Verwendung von unterschiedlichen Transmembrandomänen (TMD Syntaxin-1A/TMD VAMP2) wird eine höhere Fusogenizität beobachtet als bei der Verwendung der gleichen Sequenz (TMD Syntaxin-1A/TMD Syntaxin-1A).

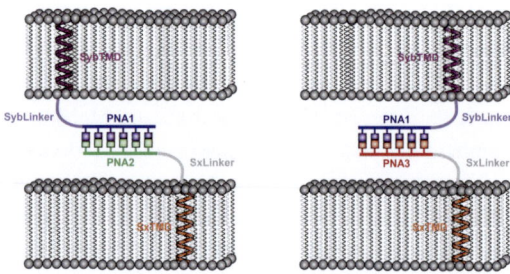

Abbildung 2.12: *Modellsystem für Membranfusion mit Peptidnukleinsäuren als spezifische Erkennungseinheit. Die Transmembrandomänen des neuronalen SNARE-Komplex dienen als Membrananker.*[130]

Das nächste Beispiel soll im Folgenden ausführlicher behandelt werden, da es die Grundlage für ein in dieser Arbeit entwickeltes Modellsystem darstellt. In Kapitel 2.4.1 wurde das *De Novo-Coiled-Coil* aus den Peptiden K3 und E3 bereits vorgestellt. Die hierdurch vermittelte molekulare Erkennung wurde in einem Modellsystem verwendet, um spezifisch die Fusion zweier Vesikel einzuleiten.[15] Die Peptide wurden über eine Polyethylenglykol-Einheit mit dem Phospholipid DOPE verknüpft (Molekül LPK und LPE) und in Membranen von Vesikeln eingebracht (Abbildung 2.13). Es wurde das *Coiled-Coil* K3/E3 ausgewählt, das mit einem K_D für das Heterodimer im Bereich um 100 nM ein sehr stabiles System darstellt. Im Vergleich zum SNARE-Komplex wurde das dort vorhandene Vier-Helix-Bündel durch das kurze *Coiled-Coil* ersetzt, was eine starke Reduzierung der Komplexität des Systems beinhaltet. Die Interaktion der Populationen wurde zunächst mittels *Lipid Mixing*-Experimenten nachgewiesen und vollständige Membranfusion anschließend über ein *Content Mixing*-Experiment bestätigt.[2] Es konnte keine unspezifische Fusion mit unmodifizierten Vesikeln oder Vesikeln mit den gleichen Molekülen beobachtet werden. Des Weiteren lief die Fusion ohne Verlust von Vesikelinhalt an die Umgebung ab. MARSDEN *et al.* bezeichnen dieses Modellsystem als das System mit der größten strukturellen Ähnlichkeit zu natürlichen SNARE-Proteinen, sodass es, obwohl mechanistische Details zur Fusion unklar sind, gut geeignet sei, um Peptidinduzierte Membranfusion zu untersuchen.[9]

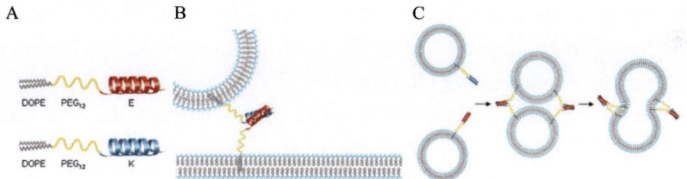

Abbildung 2.13: *A) Schematische Darstellung der Moleküle LPE und LPK. B) Vorgeschlagene Interaktion der Membran-verankerten Peptide. C) Möglicher Ablauf der Fusion. Abbildung abgewandelt von* MARSDEN *et al.*[15]

---

[2]Eine genaue Beschreibung dieser Experimente findet in Kapitel 2.5.4 statt.

2.4.4 Molekulare Erkennung an der Membran/Wasser–Grenzschicht

Die biologische Membran ist von einer Vielzahl von Proteinen durchsetzt. Diese können untereinander interagieren, wobei dieselben Konzepte der molekularen Erkennung gelten, die auch für Moleküle in Lösung beschrieben wurden. Die Transmembrandomänen können dabei innerhalb der Lipiddoppelschicht interagieren, wie es zum Beispiel vom Gramicidin A bekannt ist,[131] oder über im Cytosol gelöste Domänen wechselwirken. Hier können die bereits diskutierten SNARE-Motive (Kapitel 2.2) als Beispiel dienen. Dabei kann die Transmembrandomäne lediglich die Funktion eines Lipidankers aufweisen, oder sie kann nach der Erkennung der Moleküle in der wässrigen Phase auch noch für weitere Funktionen verantwortlich sein. Auch hier sind die TMDs der SNARE Proteine ein Beispiel.[3] Die Mechanismen dieser Erkennung auf der Membran sind aufgrund ihrer schwierigen Zugänglichkeit noch wenig erforscht.[132]

Für das Beispiel der SNARE-Proteine wird jedoch deutlich, dass die TMDs nicht nur die Funktion eines Membranankers aufweisen. Wie Untersuchungen gezeigt haben, beginnt das helicale Aufwinden der SNARE-Proteine *N*-terminal und setzt sich dann über den Linker in die Membran fort.[8] Schon aus den bereits erwähnten Fusionsxperimenten mit SNARE-TMDs ist bekannt, dass diese die Membranfusion nur spezifisch unterstützen können.[133] Dennoch sind die Prozesse der molekularen Erkennung innerhalb und außerhalb der Membran noch wenig erforscht.

Die bereits vorgestellten Konzepte der molekularen Erkennung zielten auf die selektiven Interaktionen von Molekülen oder Molekülteilen, um diese Spezifität zum Beispiel als Sensor zu nutzen, oder wie im letzten Kapitel beschrieben Modellsysteme für SNARE-induzierte Membranfusion zu erhalten. In unserer Arbeitsgruppe wurde ein System entwickelt, dass aus einer Transmembrandomäne, abgeleitet vom Gramicidin A besteht und über einen Linker mit einer Erkennungsdomäne aus Peptidnukleinsäuren (PNA) verbunden ist (Abbildung 2.14).

Durch die laterale Diffusion der Moleküle in einer Lipidmembran kann der Prozess der molekularen Erkennung von komplementären PNA-Sequenzen an der Membran/Wasser-Grenzschicht untersucht werden. Ziel ist es zum Beispiel die Frage zu beantworten, warum die Natur Proteininteraktionen im wässrigen Medium einer direkten Erkennung innerhalb der hydrophoben Umgebung der Membran vorzieht.[134] Mittels Fluoreszenz-basierten Experimenten konnte ein Monomer/Dimer–Gleichgewicht nachgewiesen werden, das über die Temperatur steuerbar ist. Dieses Moleküldesign sollte prinzipiell auch dafür geeignet sein, Membranfusion zu induzieren. Bei Experimenten, bei denen sich die komplementären PNA-Stränge im gleichen Vesikel befinden, scheint die Innermembran-Erkennung der Intermembran-Erkennung bevorzugt zu werden.

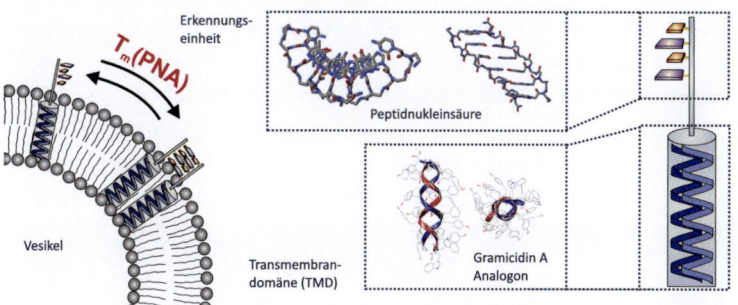

Abbildung 2.14: *Modellsystem zur molekularen Erkennung an der Membran/ Wasser–Grenzschicht, bestehend aus einer Transmembrandomäne und einer PNA-Erkennungseinheit. In Abhängigkeit der Temperatur liegen die Moleküle innerhalb der Membran als Monomer oder Dimer vor.*[134]

In ersten Versuchen zur Vesikelfusion induziert durch die TMD-PNA-Konstrukte, in denen die komplementären Sequenzen in separaten Vesikelpopulationen eingesetzt wurden, wird mittels Fluoreszenz-basierten Experimenten kein Mischen der Lipidschichten beobachtet, wobei der Grund dafür noch nicht weiter untersucht wurde.[3] Für eine generelle Aussage, ob dieses System auch ein Modellsystem für spezifische Membranfusion darstellt, müssen weitere Experimente durchgeführt werden. Auch die Innermembranerkennung von SNARE-Proteinen ist noch nicht vollständig aufgeklärt. Für eine genauere Untersuchung dieser Interaktionen können artifizielle Modellsysteme hilfreich sein, die eine Erkennung auf der Membranoberfläche einleiten und in die Membranumgebung weitergeben. Variationen der TMD könnten Aufschluss über die Mechanismen der Peptid–Peptid– und auch der Peptid–Lipid–Interaktionen geben. Ein erster Ansatz für das Design eines Systems zur Untersuchung dieser Effekte sowie Experimente zur Erkennung an der Membran/Wasser–Grenzschicht werden in Kapitel 3.2 vorgestellt.

---

[3]P. E. SCHNEGGENBURGER, Abteilung Prof. Dr. U. Diederichsen, Universität Göttingen, 2010, unveröffentlichte Ergebnisse.

2.5 Grundlagen verwendeter Experimente

Für die Untersuchungen der im Rahmen dieser Arbeit hergestellten Peptide wurden verschiedene Experimente durchgeführt. In einer Reihe von Experimenten wurden fluoreszierende Moleküle eingesetzt, um Rückschlüsse auf die Vorgänge auf molekularer Ebene zu ziehen. Die Fluoreszenz wurde zum Einen verwendet, um einzelne Moleküle zu markieren und zum Beispiel Fluoreszenz-Anisotropie-Messungen durchzuführen, und zum Anderen, um mittels FÖRSTER-Resonanzenergietransfer die Vesikelfusion nachzuweisen und zu quantifizieren. Die relativ neue Technik der optisch erzeugten Thermophorese wurde im Rahmen dieser Arbeit bei Vesikel-assoziierten Bindungsereignissen eingesetzt. Des Weiteren konnte eine neue Anwendung der Thermophorese im Hinblick auf Untersuchungen von Intermediaten der Fusion gefunden werden (Kapitel 2.5.5 und 3.3).

2.5.1 Fluoreszenz-basierte Experimente

Die Fluoreszenz wird in der Wissenschaft in vielfältiger Weise verwendet. Auch für die Untersuchungen in dieser Arbeit wurde die Fluoreszenz in unterschiedlicher Weise genutzt. Die Membranfusion konnte mittels Fluoreszenz-basierten Experimenten, wobei der FRET-Effekt (FÖRSTER Resonanzernergietransfer) und das Selbstlöschen der Fluoreszenz ausgenutzt wurden. Der FRET-Effekt diente des Weiteren auch dem Nachweis von Bindungsereignissen und ermöglichte die Bildgebung in der Konfokal-Mikroskopie. Auch für die Experimente der bereits erwähnten optischen Thermophorese sind Moleküle erforderlich, die mit einem Fluoreszenz-Farbstoff versehen wurden. In diesem Kapitel werden die physikalischen Hintergründe des FRET-Effekts sowie der Fluoreszenz-Anisotropie kurz beschrieben. Für eine genauere Darstellung der physikalischen Grundlagen sollten die Referenzen herangezogen werden, denen auch die Gleichungen und Abbildungen entnommen beziehungsweise angelehnt wurden.[135,136]

2.5.2 FÖRSTER-Resonanzernergietransfer

Werden zwei Fluorophore so ausgewählt, dass das Emissionsspektrum des einen Fluorophors mit dem Absorbtionsspektrum des anderen Fluorophors zu einem bestimmten Teil überlappt und kommt es weiterhin zu einer Interaktion der Übergangsdipolmomente der beiden, tritt der sogenannte FRET-

Effekt auf. Unter diesen Bedingungen wird Energie von einem Donor- auf einen Akzeptor-Fluorophor übertragen. Die Dipol-Dipol-Interaktion der beiden Moleküle bedingt eine starke Abhängigkeit von der Entfernung der beiden Moleküle. Daher ist die Effizienz des FRET-Effekts über folgende Gleichung definiert:

$$E = \frac{1}{1 + (\frac{r}{R_0})^6} ,$$

wobei r der Abstand der beiden Fluorophore ist und R_0 der Molekül-spezifische Abstand, bei der die Effizienz des Energietransfers 50% beträgt ($E = 0.5$). Dieser Abstand wird auch FÖRSTER-Radius genannt. Da die Effizienz des Energietransfers vom Abstand in der sechsten Potenz abhängt und die FÖRSTER-Radien bei Werten um ca. 2 nm liegen, wird ein FRET-Effekt nur bei sehr geringen Abständen der Moleküle beobachtet. Anschaulich kann der FRET-Prozess mit Hilfe eines JABLONSKI-Diagramms beschrieben werden (Abbildung 2.15). Als Beispiel dient ein FRET-Paar, das in dieser Arbeit für Fusionsexperimente verwendet wurde. Der Donor-Fluorophor (Oregon Green) wird durch Licht mit der Wellenlänge 496 nm bestrahlt, wobei Elektronen in den ersten angeregten Zustand (S_1) angehoben werden. Die aufgenommene Energie kann entweder durch Strahlung wieder abgegeben ($F_{max} = 524$ nm) oder durch einen Energietransfer auf den Akzeptor-Fluorophor (DiD) übertragen werden.

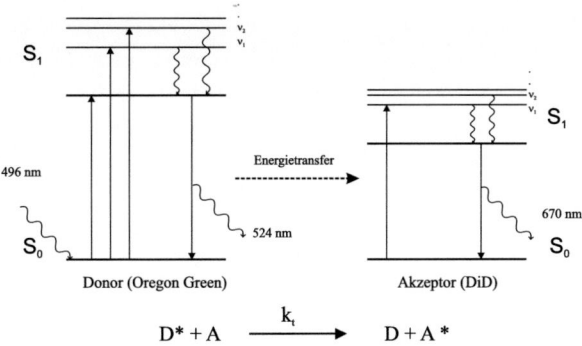

Abbildung 2.15: *Darstellung des FRET-Effekts mit Hilfe eines* JABLONSKI-*Diagramms. Beispielhaft wurde hier ein in dieser Arbeit verwendetes FRET-Paar bestehend aus Oregon Green (Donor, D) und DiD (Akzeptor, A) dargestellt. Abbildung in Anlehnung an* HOLDE & JOHNSON.[136]

29

Dabei werden die Elektronen des Akzeptors vom S_0 in den S_1-Zustand angehoben. Das Relaxieren der Elektronen des Akzeptors von S_1 in S_0 kann als Strahlung beobachtet werden. In diesem Fall findet je nach Effizienz des FRET-Effekts eine reduzierte Emission des Donors und eine Emission des Akzeptors (F_{max} = 670 nm) statt. Die Strukturen der beiden Farbstoffe sowie deren Fluoreszenzspektren sind in den Kapiteln 6.8, 6.9 und 6.13 abgebildet. Der FRET-Effekt dieses Farbstoffpaares wurde für Vesikelfusionsexperimente genutzt. Durch den Einbau in die Kopfgruppenregion von Lipidmembranen werden die Farbstoffe in räumliche Nähe gebracht, sofern sie sich in der selben Membran befinden, sodass in diesem Fall ein FRET-Prozess stattfinden kann. Die Auswertung des Effekts kann je nach Experiment über verschiedene Signale erfolgen. Bei Fusionsexperimenten handelt es sich meist um eine zeitaufgelöste Untersuchung. Zum Beispiel kann das Abnehmen der Donor- oder das Zunehmen der Akzeptor-Fluoreszenz nach dem Start des Experiments beim Auftreten des FRET-Effektes verfolgt werden. Eine Beschreibung des experimentellen Aufbaus der Fusionsexperimente erfolgt in Kapitel 2.5.4.

2.5.3 Fluoreszenz-Anisotropie

Die Anregung eines Fluorophors mit linear polarisiertem Licht ist für solche Fluorophor-Moleküle am wahrscheinlichsten, deren Übergangsdipolmomente parallel zu dieser Polarisationsebene liegen. Das bedeutet, dass ein Überschuss der angeregten Fluorophore parallel dieser Polarisationsebene liegt. Die Polarisation des von den Fluorophoren emittierten Lichts hängt zum Einen von der relativen Orientierung des Emissionsdipolmoments zum Absorbtionsdipolmoment ab und zum Anderen von der Rotation des Fluorophors während der Lebenszeit des angeregten Zustands. Vollständig polarisierte Emission kann nicht erhalten werden. Die relative Orientierung der beiden Dipole ist jedoch konstant, sodass die Depolarisation genutzt werden kann, um auf die Rotationseigenschaften des Fluorophors und damit des gesamten Moleküls, an das das Farbstoff-Molekül gebunden ist, abzuleiten. Eine Bindung eines Moleküls, das mit einem Fluorophor versehen ist – zum Beispiel an ein weiteres Molekül – geht mit einer Zunahme des Molekulargewichts einher, wodurch die Rotation des Moleküls verlangsamt wird. Diese Verlangsamung bewirkt eine weniger starke Depolarisation des emittierten Lichts. Ein schematischer Aufbau eines Fluoreszenz-Anisotropie-Experiments ist in Abbildung 2.16 dargestellt. Der Fluorophor liegt hier im Nullpunkt des Koordinatensystems. Der Winkel zwischen Anregungs- und Emissionsdipol wird durch den Winkel γ bestimmt. Die Intensität des emittierten Lichts wird im rechten Winkel zum Anregungslicht gemessen, wobei Polarisatoren die Beiträge der elektrischen Vektoren parallel und senkrecht zum elektrischen Vektor des Anregungslichts trennen. Die Depolarisation wird durch die Anisotropie r beschrieben, die über folgende Gleichung bestimmt ist:

$$r = \frac{I_\parallel - I_\perp}{I_\parallel + 2I_\perp}$$

Dabei ist $I_\parallel$ die Intensität des Lichts, das parallel zum elektrischen Vektor des Anregungslichts polarisiert emittiert wird, und $I_\perp$ die Intensität des Lichts, das senkrecht zum elektrischen Vektor des Anregungslichts polarisiert emittiert wird. Die Zunahme der Rotation eines Fluorophors führt zur Abnahme der Anisotropie.

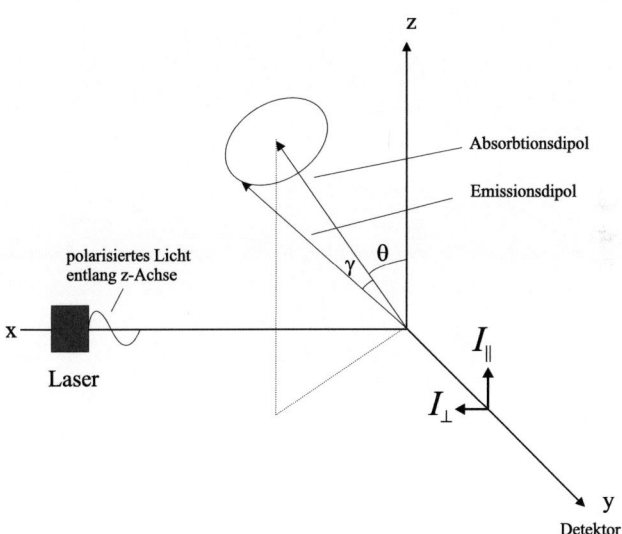

Abbildung 2.16: *Schematischer Aufbau einer Fluoreszenz-Anisotropie-Messung.*[136]

Die Messung erfolgte an einem Fluoreszenz-Spektrometer in sogenannter T-Konfiguration, wodurch das gleichzeitige Messen beider Intensitäten über zwei unabhängige Detektoren ermöglicht wird. Da die beiden Detektoren eine unterschiedliche Detektionseffizienz aufweisen, musste zu Beginn einer Messung ein Geräte- und Farbstoff-spezifischer Korrekturfaktor G bestimmt werden. Dieser ist wie folgt definiert:

$$G = \frac{I_{HV}}{I_{HH}}$$

Dabei bezeichnet I die Intensität des detektierten Lichts und die Indices die Orientierung des Anregungs- und Emissionspolarisators (Indices: H = horizontal, V = vertikal). Damit ändert sich die Gleichung zur Berechnung der Anisotropie wie folgt:

$$r = \frac{I_{VV} - G\,I_{VH}}{I_{VV} + 2\,G\,I_{VH}}$$

2.5.4 Methoden zum Nachweis der Vesikelfusion:

Die Fusion von Lipiddoppelschichten wurde im Kapitel 2.1 beschrieben. Als Modellsystem für Membranfusion werden meist Vesikel - auch Liposome genannt - verwendet. Diese können nach ihrer Größe weiter unterteilt werden in SUVs (*small unilamellar vesicles*, <100 nm), LUVs (*large unilamellar vesicles, 100–1000 nm*) und GUVs (*giant unilamellar vesicles*, >1000 nm). Für Experimente zur Vesikelfusion wurden in dieser Arbeit SUVs verwendet, die mittels Größenausschluss-Chromatographie erhalten wurden und LUVs, die mittels Extrusion hergestellt wurden. Diese beiden Präparationstechniken sind in Kapitel 3.1.3 und 6.3.5 beschrieben. Die Lipidzusammensetzung hat einen großen Einfluss auf die Membranfusion.[137] In dieser Arbeit wurden ausschließlich natürliche Phospholipide verwendet, die aus Schweinehirn extrahiert wurden. Die Zusammensetzung der Lipidmischung wurde so gewählt, dass sie synaptischen Vesikel ähnelt (Tabelle 3).[138]

PC	50%	L-α-Phosphatidylcholin (Schweinehirn)
PE	20%	L-α-Phosphatidylethanolamin (Schweinehirn)
PS	20%	L-α-Phosphatidylethanolamin (Schweinehirn)
Chol.	10%	Cholesterol (Schafwolle, >98%)

Tabelle 3: *Bestandteile der verwendeten Vesikel (Angaben in mol%).*

Um einen experimentellen Nachweis der Fusion zu erhalten, wurden verschiedene Methoden vorgestellt. Entscheidend ist dabei die Unterscheidung der vollständigen Vesikelfusion von Vesikel-*Docken* (kein Vermischen der Lipidmembranen) und Hemifusion (siehe Kapitel 2.1). Eine häufig verwendete Methode bedient sich des FÖRSTER-Resonanzenergietransfers (Kapitel 2.5.2),[139] wobei zwischen sogenannten *Fluorescence Quenching-* und *Fluorescence Dequenching*-Experimenten unterschieden wird (Abbildung 2.17). Bei einem *Fluorescence Dequenching*-Experimenten befinden sich beide Fluorophore in der Membran eines Vesikels. Die Fluorophore stehen in einer Distanz zueinander in der ein effektiver Resonanzenergietransfer von einem Donor auf einen Akzeptor stattfinden kann ($r < R_0$). Daher ist die Fluoreszenz des Donors zu Beginn der Messung reduziert. Durch die Fusion dieser Farbstoff-markierten Vesikel mit Vesikeln ohne Farbstoff wird die Konzentration der Farbstoffmoleküle in der Membran reduziert, wobei der mittlere Abstand der Farbstoffe wächst. Der FRET-Effekt ist damit nicht mehr so effizient wie zu Beginn der Messung. Dadurch nimmt die Fluoreszenz des Donors zu und die des Akzeptors ab. Der zeitliche Verlauf ist in einem Diagramm in Abbildung 2.17 gezeigt. Die Zeitspanne A zeigt die Fluoreszenz-Intensität der markierten Vesikelpopulation. Steigt die Donorbeziehungsweise sinkt die Akzeptor-Fluoreszenz nach Zugabe der zweiten nicht-markierten Population, muss eine Verdünnung der Farbstoffe durch Vermischen der beiden Membranen stattgefunden haben.

Bei einem *Fluorescence Quenching*-Experiment befinden sich die Farbstoffe in unterschiedlichen Vesikeln. Vor Beginn der Messung findet kein FRET-Effekt statt, da die Distanz der Moleküle keinen effektiven Energieübertrag zulässt ($r \gg R_0$). Durch Fusion der beiden Vesikel werden die Fluoreszenz-Farbstoffe in räumliche Nähe gebracht und der FRET-Effekt wird möglich. Es wird ein Anstieg der Akzeptor- und ein Absinken der Donor-Fluoreszenz beobachtet. Auch dieser Verlauf ist in einem Diagramm in Abbildung 2.17 dargestellt.

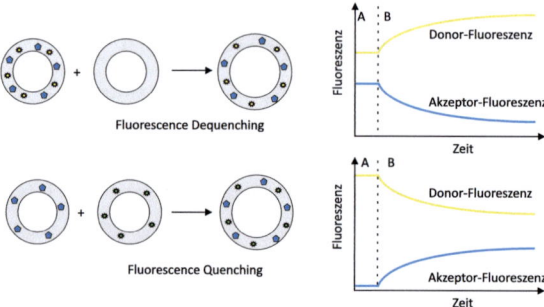

Abbildung 2.17: *Zwei verschiedene FRET-basierte Möglichkeiten zum Nachweis des lipid mixing.*

Die Zeitspanne A stellt die Fluoreszenz der Population mit dem Donor-Fluorophor dar. Da kein Akzeptor-Fluorophor vorhanden ist, ist diese Fluoreszenz-Intensität nahezu Null. Wird bei Zugabe der Population mit den Akzeptor-Molekülen ein Anstieg der Akzeptor-Fluoreszenz und ein Absinken der Donor-Fluoreszenz beobachtet, kann auf ein Vermischen der beiden Lipidmembranen geschlossen werden (Zeitspanne B).

Der Nachweis des Mischens der Phospholipide ist kein hinreichender Beweis für das vollständige Fusionieren zweier Vesikel. Da bereits das Vermischen der äußeren Membran der beiden Vesikel zu einer Verdünnung der Konzentration der Farbstoffmoleküle führt, ruft auch der Zustand der Hemifusion eine Änderung im Fluoreszenzsignal hervor, da hier die äußere Membran der Doppelschicht bereits fusioniert ist. Bei *Fluorescence Quenching*-Experiments reicht in einigen Fällen auch die Aggregation der Vesikel (Vesikel-*Docken*), um den FRET-Effekt von einem auf den anderen Farbstoff zu ermöglichen.[140] Dies kann zwar durch die Farbstoffwahl minimiert werden, aber ein eindeutiger Beweis muss über weitere Experimente erbracht werden. Aus diesem Grund wurden sogenannte *Content Mixing*-Experimente entwickelt, bei denen die Fusion über ein Mischen der von den Vesikeln eingeschlossenen Flüssigkeit nachgewiesen wird. Ein Beispiel für einen solchen Ansatz ist die Verwendung eines Terbium-Komplexes mit Dipicloinsäure (DPA), wobei die Vesikel-Populationen separat mit $TbCl_3$ und DPA gefüllt werden. Durch Fusion dieser beiden Populationen entsteht ein Adduct, das 10.000-fach höhere Fluoreszenz zeigt als Tb^{3+}.[141,142] Des Weiteren sind einige Experimente bekannt, die Derivate des Fluorophors Fluorescein verwenden.[110,143] Dabei ist eine Vesikel-Population mit dem Farbstoff in einer Konzentration (typ. >1100 mM) gefüllt, bei dem die Fluoreszenz durch Stöße mit anderen Farbstoffmolekülen ausgelöscht wird (*Fluorescence Self-Quenching*, Abbildung 2.18).

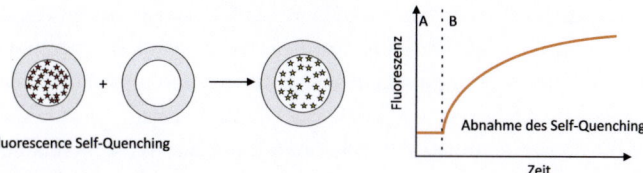

Abbildung 2.18: *Fluoreszenz-basiertes Experiment zum Nachweis der Vesikelfusion: Content Mixing-Experiment.*

Zu Beginn des Experiments ist keine oder wenig Fluoreszenz vorhanden (Zeitspanne A). Durch Fusion der Vesikel und das Mischen der Vesikelinhalte wird die Konzentration des Farbstoffs und damit auch der Anteil an Fluoreszenzlöschung reduziert (Zeitspanne B). Durch Zugabe eines Detergenz (meist Triton X-100) am Ende eines Experiments kann auf die Effizienz der Fusion zurückgeschlossen werden, indem auf die Fluoreszenz vor Beginn und nach Detergenz-Zugabe normiert wird. Dabei ist zu beachten, dass der Endpunkt der Fluoreszenz, der durch Fusion erreicht wurde, nicht zwingend 100% betragen muss, da der mittlere Abstand der Fluorophore allein durch Fusion nicht auf den Wert vergrößert werden kann, der durch die Zerstörung der Vesikel mit Detergenz erreicht wird.

Um nachzuweisen, dass der Anstieg der Fluoreszenz nicht im Platzen der Vesikel begründet ist, können bei der Verwendung von Calcein Kontrollen mit Cobalt-Salzen durchgeführt werden. Die Zugabe von $CoCl_2$ am Ende des Experiments bewirkt eine Fluoreszenz-Löschung durch Stöße mit den Fluorophormolekülen.[144] Dies kann allerdings nur beobachtet werden, wenn Farbstoff außerhalb der Vesikel vorhanden ist, da die Membran den Eintritt der Cobalt-Ionen in die Vesikel verhindert. Sofern durch Zugabe von Cobalt keine Reduktion der Fluoreszenz zu beobachten ist, wird die Zunahme der Fluoreszenz in Folge der Verdünnung des Inhalts der Vesikel durch Fusion mit anderen nicht-markierten Vesikeln beobachtet. In dieser Arbeit wurden Experimente mit dem Fluorescein-Derivat Calcein (siehe Abbildung 6.1 auf 143) und mit Sulforhodamine B[145] (Abbildung 6.2, S. 143) durchgeführt. Diese Experimente werden im Nachfolgenden *Content Mixing*-Experimente genannt.

2.5.5 Thermophorese

Zur Untersuchung von Bindungsmechanismen und Bindungskinetiken von Molekülen stehen heutzutage viele Techniken zur Verfügung. In diesem Zusammenhang sind verschiedene Fluoreszenz-basierte Experimente wie Fluoreszenz-Anisotropie oder Fluoreszenz-Korrelations-Spektroskopie (FCS) zu nennen. Diese Verfahren beruhen darauf, dass das betrachtete Molekül durch das Bindungsereignis eine Größenänderung erfährt, wodurch eine messbare Änderung von physikalischen Parametern, wie zum Beispiel der Diffusionszeit, eintritt.[135] Aber auch kalorimetrische Methoden, wie die *isotherme Titrationskalorimetrie*, finden hier Verwendung. Diese Methode ist nicht auf eine Fluoreszenz-Markierung angewiesen und misst direkt die Enthalpie der Bindungsreaktion.[146]

Kürzlich wurde eine neue Methode zur Untersuchung von Bindungsaffinitäten vorgestellt: die optisch erzeugte Thermophorese oder *Microscale Thermophoresis (MST)*.[16,147] Bei dieser Methode werden neben den Änderungen in Größe und Ladung der Moleküle auch Änderungen in der Hydratationshülle registriert, wodurch die MST deutlich sensitiver gegenüber den zuvor genannten Technologien ist. Der theoretische Hintergrund dieser Methode geht auf den Effekt der Thermophorese zurück, der schon 1856 von CARL LUDWIG beobachtet wurde und auch als *Ludwig-Soret-Effekt* oder Thermodiffusion bezeichnet wird.[148,149] Bei dieser Messmethode wird die gerichtete Bewegung von Molekülen entlang eines Temperaturgradienten ausgenutzt.[16,147,150,151] Der Temperaturgradient wird dabei durch einen Infrarotlaser kontaktfrei und präzise auf einen räumlich begrenzten Bereich von ca. 10-20 µm fokussiert. Moleküle innerhalb dieses Fokus reagieren auf die lokale Störung durch Bewegung, wobei die Geschwindigkeit und Richtung dieser Bewegung von der Größe, Ladung und Solvatationshülle der Moleküle abhängt. Für das MST-Experiment wird ein Molekül mit einem Fluoreszenz-Marker versehen und über die Intensität der Fluoreszenz die Veränderung der Konzentration des Moleküls im Laserfokus verfolgt. Da hier nur ein Bereich von sehr geringer Ausdehnung beobachtet wird und der Temperaturgradient nur wenige °C beträgt, ist innerhalb weniger Sekunden ein Gleichgewicht erreicht. Um beispielsweise Bindungsaffinitäten eines Moleküls A an ein Molekül B zu bestimmen, wird Molekül A mit einem Fluoreszenz-Marker versehen und mit einer konstanten Konzentration eingesetzt. Molekül B wird hinzu titriert, sodass eine Konzentrationsreihe erhalten wird. Durch die Bindung des Moleküls B an das Molekül A wird die Solvatationshülle des Moleküls A verändert und damit auch das Thermophorese-Verhalten. Werden immer mehr der Moleküle B zugegeben, tritt bei einer bestimmten Konzentration eine Sättigung ein, sodass trotz weiterer Zugabe keine Änderung im Thermophorese-Signal mehr zu beobachten ist. Aus einer Auftragung der Titrationskurve kann die Affinität der Bindung bestimmt werden (Abbildung 2.19).[152]

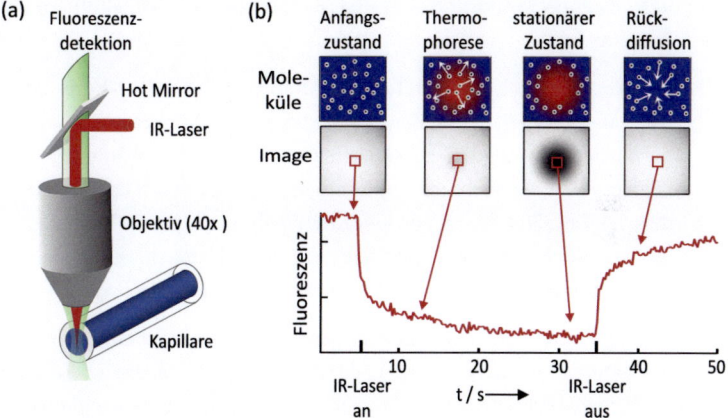

Abbildung 2.19: *a) Aufbau eines MST-Experiments. Der Strahl eines IR-Lasers (rot), sowie der Strahl eines Lasers zur Fluoreszenz-Anregung werden mit einem Dichroid gekoppelt und über ein Objektiv auf eine Probe fokussiert. b) Verlauf der Fluoreszenz-Intensität während eines typischen MST-Experiments. Zu Beginn befinden sich die Moleküle in homogener Verteilung. Mit dem Einschalten des IR-Lasers beginnen sich die Moleküle zu bewegen, bis ein neues Gleichgewicht erreicht ist. Nach Ausschalten des IR-Lasers wird wieder eine gleichmäßige Verteilung eingenommen. Abbildung mit freundlicher Genehmigung von NanoTemper Technologies GmbH (München).*

Das Fluoreszenzsignal eines MST-Experiments kann in vier Bereiche unterteilt werden:

1. *Anfangsfluoreszenz F_1:* In den ersten fünf Sekunden des Experiments wird die Anfangsfluoreszenz aufgezeichnet. Auf den Mittelwert dieser Fluoreszenz wird das jeweilige Signal normiert.

2. *Temperatursprung:* Der Temperatursprung wird mit dem Einschalten des IR-Lasers eingeleitet. Die Schwingungsanregung der Wassermoleküle durch den IR-Laser ist ein sehr schneller Prozess, sodass auch die Temperaturerhöhung im Fokus des Lasers nahezu sofort stattfindet.

Änderungen der Fluoreszenz-Intensität durch Änderungen der Temperatur sind für viele Farbstoffe bekannt. Durch die Temperaturänderung werden die Lösungsmittel-Eigenschaften verändert und physikalische Parameter der Farbstoffe, wie die Fluoreszenz-Halbwertszeit und Quantenausbeute, beeinflusst.[153] Da diese Änderungen auch vom Bindungszustand des Moleküls zu einem weiteren Bindungspartner abhängen kann, liefert schon der Temperatursprung Informationen über die Bindung des Fluoreszenz-markierten Moleküls an ein Substrat.

3. *Thermophorese*: Nach dem Temperatursprung setzt die Thermophorese, also die gerichtete Bewegung der Moleküle entlang des Temperaturgradienten, ein. Diese Bewegung wird aufgezeichnet, bis ein Gleichgewicht erreicht ist. Typischerweise ist dies nach ca. 30 Sekunden der Fall. Das Verhältnis von Anfangsfluoreszenz zur Fluoreszenz im Thermophorese-Gleichgewicht wird für die einzelnen Messungen einer Messreihe bestimmt und als Titrationskurve aufgetragen.

4. *Rückdiffusion*: Nach dem Ausschalten des IR-Lasers ist ein Sprung in der Fluoreszenz zu beobachten, der durch die Effekte, die bei Punkt 2 beschrieben wurden, zu erklären ist. Des Weiteren beginnen die Moleküle zurück zu diffundieren, idealerweise bis die Anfangsfluoreszenz erreicht wurde. Das thermische Gleichgewicht muss jedoch nicht innerhalb des Messzeitraums von typischerweise 45 Sekunden erreicht werden, sodass die Anfangsfluoreszenz nicht in allen Fällen erreicht wird. Weiterhin führen Effekte wie das Photobleichen zu Abweichungen.[154]

In Abbildung 2.20 ist das Ergebnis einer Messung beispielhaft gezeigt. Diese Kurven wurden bei einem Experiment erhalten, das in Kapitel 3.3.1 genauer beschrieben wird. Die Kurven wurden über folgende Gleichung normiert:

$$F_{norm} = \frac{F_2}{F_1},$$

wobei F_1 den ersten Sekunden entspricht in denen der IR-Laser nicht eingeschaltet ist. F_2 ist das Fluoreszenzsignal im Thermophorese-Gleichgewicht. Die Änderung der Fluoreszenz verhält sich linear zur Depletion des Laser-Fokus durch Thermophorese. Daher kann das sich über die Konzentrationsreihe verändernde Fluoreszenzsignal genutzt werden um den Anteil x der gebundenen Moleküle an einen Akzeptor zu bestimmen. Das bindungsabhängige Fluoreszenzsignal lässt sich wie folgt beschreiben:[151]

$$F_{norm} = (1 - x)\, F_{norm,\,(ungebunden)} + x\, F_{norm\,(gebunden)}$$

Für die Auftragung werden die gemittelten Fluoreszenzen F_1 und F_2 gegen die Konzentration des Akzeptors verwendet (Abbildung 2.20b).

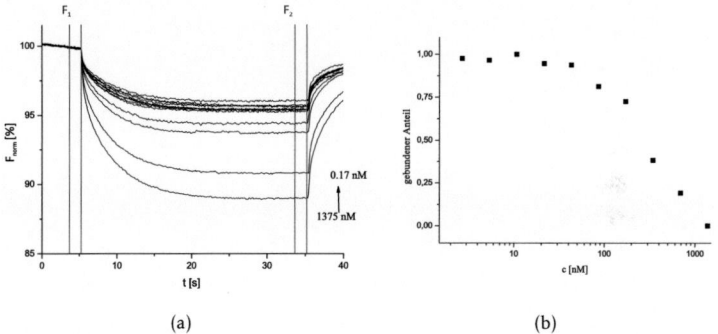

(a)   (b)

Abbildung 2.20: *Ergebnis der Messung einer Konzentrationsreihe in einem MST-Experiment. a) Auftragung des Verlaufs der Fluoreszenz für verschiedene Konzentrationen des Akzeptors. b) Bindungskurve errechnet aus* $F_{norm} = \frac{F_1}{F_2}$.

In diesem Beispiel wird das Fluoreszenz-markierte Molekül vom hinzutitrierten Molekül verdrängt. Bei niedrigen Konzentrationen ist der Anteil der gebundenen Moleküle demnach eins. Bei einer bestimmten Konzentration verschiebt sich das Gleichgewicht und der Anteil der gebundenen Moleküle geht gegen null. Bei hohen Konzentrationen wird kein Plateau erreicht. Bei der dargestellten Bindungsreaktion handelt es sich um einen irreversiblen Prozess, da der entstehende Komplex ein energetisch günstigeres Produkt darstellt. Für eine genauere Beschreibung dieses Experiments siehe Kapitel 3.3.1.

3 Ergebnisse

3.1 Modellsysteme für SNARE-induzierte Membranfusion

3.1.1 Design des Modellsystems: Nukleobasen-funktionalisierte β-Peptide als molekulare Erkennungseinheit

In Kapitel 2.4.3 wurden bisher entwickelte Modellsysteme für Membranfusion vorgestellt. Bis zum Beginn der Arbeiten an diesem Projekt war kein Modellsystem für spezifische Membranfusion bekannt, das die Transmembranhelices von SNARE-Proteinen als Membrananker nutzt. Im Rahmen dieser Arbeit sollte ein solches Modellsystem synthetisiert und mittels Vesikelexperimenten auf seine Eigenschaft Vesikelfusion zu induzieren untersucht werden. Die Anwendung der Fmoc-Festphasenpeptidsynthese (Fmoc-SPPS) zur Darstellung einer SNARE-Transmembrandomäne konnte in einer Diplomarbeit gezeigt werden.[155] Nach diesem Vorbild wurden die TMDs von VAMP2 und Syntaxin-1A hergestellt und anschließend N-terminal mit Erkennungseinheiten modifiziert. Zunächst wurde der Ansatz verfolgt, die Nukleobasen-funktionalisierten β-Peptide als Erkennungseinheit einzusetzen. Da diese bevorzugt eine antiparallele Anordnung der Helices einnehmen,[14] sollte ein Komplex entstehen, wie er in Abbildung 3.1 schematisch dargestellt ist.

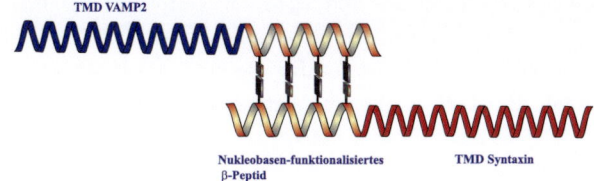

Abbildung 3.1: Schematische Darstellung eines SNARE-Modellsystem mit Nukleobasen-funktionalisierten β-Peptiden als molekulare Erkennungseinheit.

Für ein erstes Modellsystem wurden die Aminosäuresequenzen der β-Peptide so gewählt, dass die beiden Stränge über die Anordnung der Nukleobasen einander komplementär sind. Dafür wurde die Nukleobasen-Abfolge TGAT und ATCA ausgewählt, deren Schmelztempratur T_m auf 44 °C bestimmt wurde.[14] Schon in der vorangegangenen Arbeit wurde die Verknüpfung von β-Peptid und α-Peptid diskutiert.[155] Dabei wurde zunächst die *Native Chemical Ligation* (NCL) als Hilfsmittel vorgeschlagen,[156,157] um die beiden Fragmente zu verknüpfen (Abbildung 3.2).

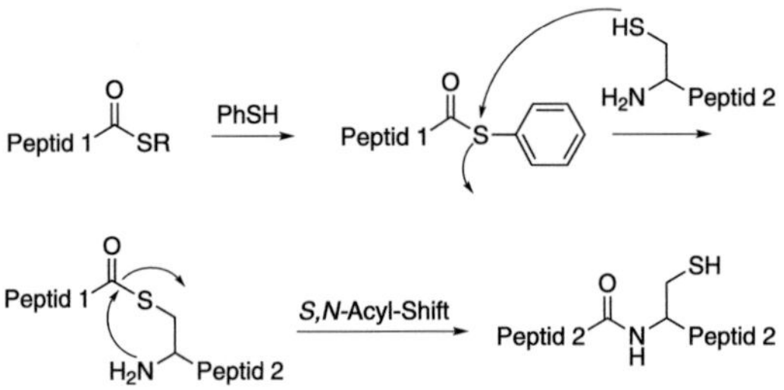

Abbildung 3.2: *Schema der Native Chemical Ligation.*

Weiterhin wurden dort auch Methoden diskutiert, wie die notwendigen Thioester erzeugt werden können.[155] Nachdem jedoch weitere Erfahrungen mit den Transmembrandomänen der SNARE-Proteine gesammelt wurden, konnte der Ansatz der NCL nicht weiter verfolgt werden, da sich die Peptide als zu hydrophob für eine Ligation in wässrigem Medium herausstellten. In der Zwischenzeit sind Arbeiten veröffentlicht worden, die über NCL von Transmembranpeptiden in organischem Medium berichten,[158] sodass die Ligation für weitere Untersuchungen eine Möglichkeit darstellen könnte.

Im Rahmen der vorliegenden Arbeit wurde jedoch dazu übergegangen, die Modellsysteme über eine durchgehende Festphasensynthese herzustellen, wobei sich die artifizielle Erkennungseinheit am *N*-Terminus der TMD anschließt. Da die Bausteine für die Nukleobasen-funktionalisierten β-Peptide nur als *N*-Boc-Derivate (Abbildung 3.3)zur Verfügung standen und die TMDs mittels automatisierter Fmoc-SPPS synthetisiert wurden, sollte ein Zugang zu den Nukleobasen-funktionalisierten Fmoc-β-Aminosäuren gefunden werden.

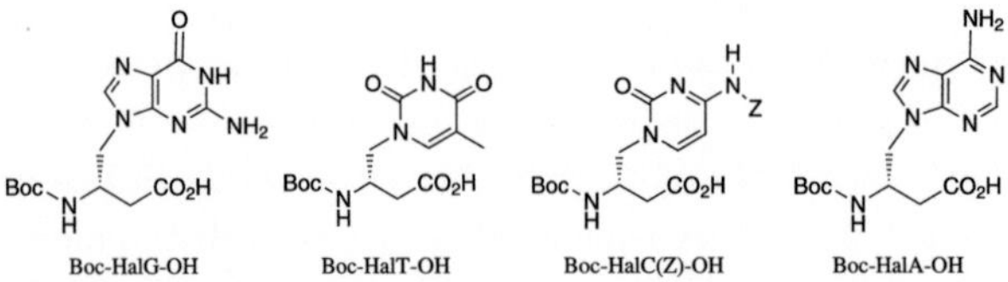

Abbildung 3.3: *Boc-Monomerbausteine für die Nukleobasen-funktionalisierten β-Peptide.*

Eine synthetische Modifikation des Boc- zum Fmoc-Baustein scheiterte an der schlechten Löslichkeit des intermediär ungeschützten Moleküls. Der hohe Substanzverlust der aufwendig in mehrstufigen Synthesen hergestellten Bausteine sollte nicht in Kauf genommen werden. Des Weiteren sind für die gewünschte Basensequenz alle vier Bausteine der kanonischen Nukleobasen notwendig. Da nicht die Entwicklung von Synthesestrategien für neue β-Peptid Bausteine, sondern die Synthese und Untersuchung eines Modellsystems für Membranfusion im Vordergrund dieser Arbeit stand, wurde auch dieser Ansatz verworfen.

Eine weitere Möglichkeit zur Verknüpfung von Peptidfragmenten ist die Kupfer-katalysierte 1,3 dipolare Cycloaddition (*Click-Chemie*) eines Azids und eines Alkins.[159] Um diese Methode auf die Anwendbarkeit zu untersuchen, wurde zunächst *N*-terminal an der TMD von VAMP2 an fester Phase ein Alkin eingeführt und in einer Testreaktion ein Azid gekuppelt. Dafür wurden die optimierten Bedingungen verwendet, die von S. CORTEKAR im Rahmen einer Dissertation bestimmt wurden.[160] Diesen Ergebnissen folgend wurde das Azid unter Schutzgasbedingungen in DMF mit Spuren des Komplexes CuI-P(OEt)$_3$, TBTA und Lutidin mit dem auf dem Harz befindlichen Alkin *N*-terminal an die Transememembrandomäne von VAMP2 gekuppelt. Die Reaktion wurde über vier Tage ausgeführt (Abbildung 3.4).

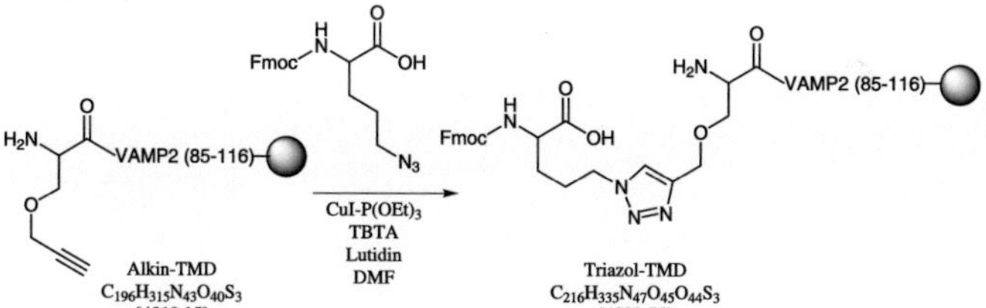

Abbildung 3.4: *Test der Click-Reaktion an fester Phase.*

Neben den Molekülionen des Produkts wurden auch Molekülionen der TMD ohne das Triazol nachgewiesen (Kapitel 6.7.1). Die Umsetzung zum Produkt verlief demnach nicht quantitativ. Neben dieser Verknüpfung konnten auch kurze Peptide erfolgreich mittels *Click*-Reaktion an das Harz gekuppelt werden (nicht gezeigt).

Nach Abspaltung vom Harz konnte das Triazol-Derivat (Triazol-TMD, Abbildung 3.4) mittels Massenspektrometrie nachgewiesen werden, sodass eine *Click*-Reaktion mit der TMD an fester Phase prinzipiell möglich ist.

Die Kupplung der Fragmente am Harz erschien sinnvoll, da so die Löslichkeitsproblematik umgangen werden konnte. Des Weiteren erfolgt eine Verknüpfung am Harz nur mit Alkin-tragenden Ketten, was bei der Verwendung von Acetylierung nach jeder Kupplung (*Capping*) nur bei einer vollständig synthetisierten Sequenz der Fall ist. So stellt die *Click*-Reaktion indirekt eine Reinigung dar, da Fehlsequenzen nicht mit der Erkennungseinheit verknüpft werden. Ein großer Nachteil der 1,3-Cycloaddition ist jedoch in der Einführung des unnatürlichen Triazols in das Peptidrückgrat zu sehen, da dieses die Eigenschaften des gesamten Fragments beeinflussen kann.

Das β-Peptid mit der Nukleobasen-Sequenz TGAT wurde erfolgreich synthetisiert (Kapitel 6.7.4). Für die Anbindung an die TMD musste das β-Peptid eine Azid-Funktionalität tragen. In einem ersten Versuch wurde ein Azid-Baustein *N*-terminal an das β-Peptid gekuppelt und anschließend vom Harz abgespalten. Die Reduktion des Azids zum Amin ist als Nebenreaktion der Abspaltung bekannt[161] und wurde auch hier bei der Verwendung von EDT als Thioscavenger beobachtet. Weitere Synthesen müssen daher hinsichtlich der Abspaltbedingungen optimiert werden.

Kürzlich wurde von unserer Arbeitsgruppe 8-Vinyl-Deoxyguanosin (VdG) als modifizierte Guanin-Base vorgestellt.[162] Diese kann durch ihre Fluoreszenz-Eigenschaften als Sensor für die Untersuchung zum Beispiel von Quadruplex-Strukturen eingesetzt werden, da die Fluoreszenz stark umgebungsabhängig ist. Durch ihre strukturelle Ähnlichkeit zum Guanin kann VdG im Austausch in die Sequenz eingebaut werden ohne die Paarungseigenschaften der DNA-Stränge maßgeblich zu verändern.

Da strukturelle Untersuchungen auch für die Nukleobasen-funktionalisierten β-Peptide interessant sind, wurde die Synthese des Bausteins durchgeführt. Dabei wurde zunächst die Synthesestrategie von André Nadler verfolgt, wobei Boc-β-G-OH in C8-Position des Guanins bromiert und anschließend in einer Stille-Kupplung vinyliert wurde. Das ursprünglich verwendete Toluol wurde aufgrund der schlechten Löslichkeit des Guaninbausteins Boc-HalG-OH durch NMP ersetzt.

Das Reaktionsschema ist in Abbildung 3.5 zu sehen. Das Produkt konnte auf diese Weise in einer Ausbeute von 54 % ausgehend vom Boc-β-G-OH über zwei Stufen erhalten werden (Kapitel 6.7.2 & 6.7.3). Da es sich bei der Synthese des Bausteins **1** bereits um eine sieben-stufige Synthese handelte und die Funktionalisierung zum Baustein **3** mit Substanzverlust verbunden war, sollten andere, kürzere Syntheserouten untersucht werden. Dies wurde von TILL BEUERMANN im Rahmen einer Bachelorarbeit durchgeführt. [163]

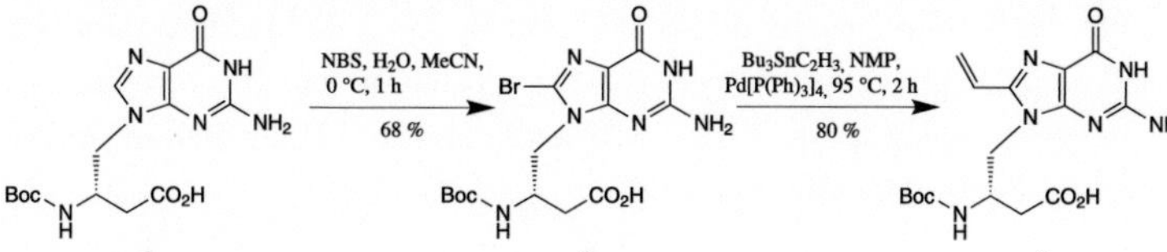

Abbildung 3.5: *Reaktionsschema zum Boc-β-VinylHalG-OH Baustein (3) ausgehend vom Boc-β-G-OH (1)*

Alkylierungen von Guanin verlaufen nicht selektiv und liefern ein *N*9- und *N*7-Gemisch, sodass das 2-Amino-6-chlorpurin als Ausgangsverbindung für die Synthese des enantiomerenreinen Boc-β-HalG-OH verwendet wurde (Abbildung 3.6).[10] Ziel der Bachelorarbeit war es zu untersuchen, ob bei der Verwendung von Vinyl-Guanin möglicherweise eine Selektivität für das gewünschte *N*9-Produkt zu beobachten ist, um so die lineare in eine konvergente Synthesestrategie abzuwandeln und die Vinylierung zu einem früheren Zeitpunkt der Synthese durchführen zu können. Die Alkylierung von Brom-Guanin und Vinyl-Guanin verliefen jedoch ohne eine Selektivität für *N*9 oder *N*7 und die beiden entstehenden Regioisomere waren chromatographisch nur mittels HPLC zu trennen.

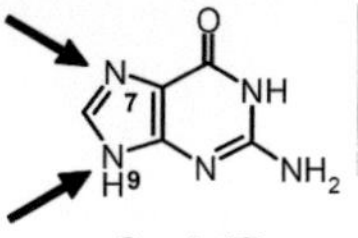

Guanin (G)

Abbildung 3.6: *Bevorzugte Alkylierungsstellen von Guanin*

Daher wurde erneut der zuvor beschriebene Weg der linearen Synthese verfolgt, um eventuell die Bedingungen zu optimieren. Der Baustein konnte über ein Fluoreszenzspektrum charakterisiert und die Quantenausbeute über den Vergleich mit 2-Aminopurin bestimmt werden. Die Quantenausbeute des Boc-β-*Vinyl*G-OH wurde wie folgt bestimmt:

$$\Phi_{Boc\text{-}\beta\text{-}VinylHalG\text{-}OH} = \frac{I_{Boc\text{-}\beta\text{-}VinylG\text{-}OH}}{I_{Ref.}} \times \frac{A_{Ref.}}{A_{Boc\text{-}\beta\text{-}VinylG\text{-}OH}},$$

wobei I die Fluoreszenzintensität und A die Absorption bei der Anregungs-wellenlänge darstellt. Die Quantenausbeute von Boc-β-*Vinyl*G-OH konn-te auf 0.64 bestimmt werden, was einen etwas geringeren Wert darstellt als die des VdG-Bausteins (0.74) (Abbildung 3.7). Die Spektren sind nur leicht gegeneinander verschoben, was vermutlich in den strukturellen Un-terschieden begründet ist. Bisher wurden noch keine Untersuchungen des Bausteins in Peptiden durchgeführt.

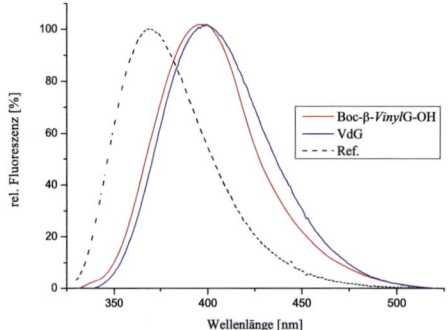

Abbildung 3.7: *Vergleich der Fluoreszenzspektren von Boc-β-VinylG-OH, Vinyl-deoxy-Guanosin (VdG) und 2-Aminopurin (Ref.).*

Um Aussagen über die Sensoreigenschaften des Boc-β-*Vinyl*G-OH tref-fen zu können, muss eine Optimierung der Synthese erfolgen. Der Ein-bau des Bausteins in eine Reihe von β-Peptiden mit unterschiedlichen Nukleobasensequenzen muss durchgeführt werden, um die Umgebungs-Abhängigkeit der Fluoreszenz aufzuklären.

Ein vollständiges Modellsystem für Membranfusion mit Nukleobasen-funktionalisierten β-Peptiden als molekulare Erkennungseinheit konnte bisher nicht erhalten werden. Die hier dargestellten Ergebnisse sind als Vorversuche für eine solche Verwendung zu sehen. Einen weiterer Ansatz könnte die vollständige Synthese des Modellpeptids in der Boc-Strategie darstellen. Da die Transmembrandomänen der SNARE-Proteine aufgrund ihrer Hydrophobizität zu den sogenannten *difficult peptides* zählen,[164] kann die Boc-Strategie auch hierfür von Vorteil sein. Ein weiterer Vorteil kann die Anwendung der *in situ* Neutralisation sein, bei der überschüssige Trifluoressigsäure erst im Moment der Kupplung der nächsten Aminosäu-re mit einem Überschuss an Base neutralisiert wird. Da TFA ein gutes Lösungsmittel für hydrophobe Peptide und auch für Seitenketten-geschützte Peptidketten ist, kann hierin der Grund für den Vorteil der *in situ* Neutralisation liegen, weil so Sekundärstrukturen am Harz aufgehoben werden.[165] Eine Testreaktion mit einem Kurzpeptid mit der Sequenz $H - IIFG - NH_2$ (Kapitel 6.7.5) lieferte vielversprechende Ergebnisse, sodass auch die Synthese des β-Peptids nach diesem Protokoll erfolgen sollte. Alle bisher synthetisierten Nukleobasen-funktionalisierten β-Peptide wurden durch das Waschen mit Pyridin vor einer jeden Kupplung neutralisiert, bei der nach SCHNÖLZER *et al.* eine Aggregation der Harz-gebundenen Peptidkette auftreten kann.[165] Gerade bei einer Synthese des β-Peptids *N*-terminal anschließend an die TMD erscheint diese Aggregation aufgrund der Kettenlänge als wahrscheinlich.

3.1.2   Design des Modellsystems und Synthese: *Coiled-Coil*-Peptide als molekulare Erkennungseinheit

Während der Arbeiten an dem zuvor beschriebenen System wurde ein SNARE-Modellsystem vorgestellt, das die *Coiled-Coil*-Peptide E3/K3 für die molekulare Erkennung nutzt.[15] Diese Erkennungseinheit stellt ein sehr stabiles System dar und ist zudem ausführlich untersucht.[93] Durch den Wechsel von einem Drei-Komponenten- zu einem Zwei-Komponenten-System wird die Komplexität im Vergleich zum SNARE-Komplex deutlich reduziert. Zusammen mit dem leichten Zugang der Moleküle mittels SPPS ist dieses Modellsystem gut geeignet, um die komplexen Vorgänge der Membranfusion zu untersuchen. Hier sollte diese Erkennunsgeinheit mit den TMDs der SNAREs verknüpft werden, um die Rolle der Transmembransequenzen genauer zu untersuchen. Die Sequenz des ersten Modellsystems ist in Abbildung 3.8 dargestellt.

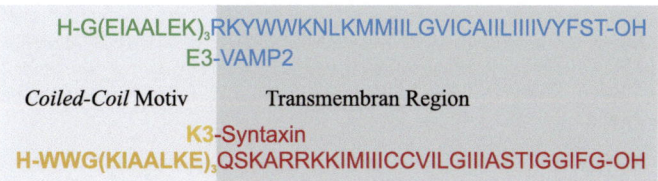

Abbildung 3.8: *Sequenz des ersten Modellsystems. E3 und K3 bezeichnet die Erkennungseinheit, Syntaxin und VAMP2 den Ursprung der Transmembrandomäne (Kapitel 6.7.6 & 6.7.7).*

Aus Gründen der Übersichtlichkeit wurde die sogenannte Linkerregion, also der Übergang von der Transmembrandomäne zum SNARE-Motiv, nicht kenntlich gemacht, sondern die Aminosäuren dieses Bereichs der TMD zugeschrieben.

Die Sequenz der SNARE-Proteine wurde der Literatur entnommen,[166] wobei die Sequenz vom *C*-Terminus über die sogenannte Linker-Region bis zum Übergang zum SNARE-Motiv als Transmembrananker ausgewählt wurde. Für Syntaxin-1A wurden die Aminosäuren 258–288 eingesetzt und für VAMP2 die Aminosäuren 85–116. *N*-Terminal wurde direkt die *Coiled-Coil*-Sequenz angeknüpft. In Abbildung 3.9 ist eine mögliche Interaktion der Modellpeptide nach Rekonstitution der Peptide in Lipidvesikeln gezeigt (a). Des Weiteren wird dort der *cis*-Komplex[4] des Modellsystems mit dem des neuronalen SNARE-Komplexes verglichen (b). Durch diese schematische Darstellung wird deutlich, dass die Verwendung des *Coiled-Coils* eine erhebliche Abnahme der Größe und Komplexität des für die Erkennung wichtigen Bereichs darstellt, da zum Einen eine deutlich kürzere Sequenz für die Erkennung verantwortlich ist und zum Anderen nur zwei Komponenten notwendig sind, um ein sehr stabiles *Coiled-Coil* auszubilden.

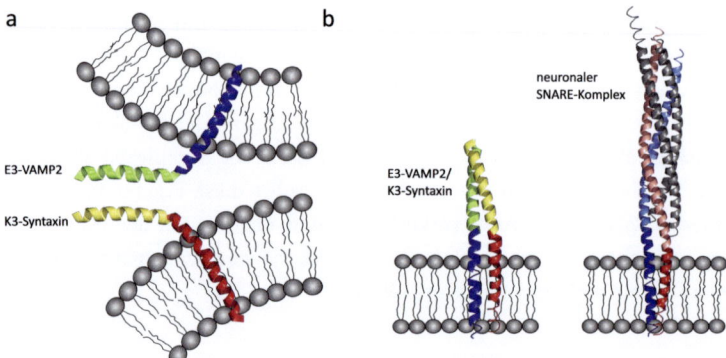

Abbildung 3.9: *a) Schematische Darstellung einer Interaktion der Modellpeptide. b) Schematischer Größenvergleich der Erkennungseinheiten des Modellsystems mit dem neuronalen SNARE-Komplex. Kristallstrukturdaten entnommen aus* STEIN *et al.[8]*

---

[4]Siehe Kapitel 2.2: *cis* und *trans* bezeichnet in diesem Fall, dass sich die TMDs der Peptide/Proteine in derselben oder in unterschiedlichen Membranen befinden. Dieser Nomenklatur entsprechend ist in Abbildung 3.9 a der Komplex aus E3-VAMP2 und K3-Syntaxin in *trans* zu sehen.

Der Übergang vom Transmembranbereich über den Linker zum *Coiled-Coil* wurde dabei so gewählt, dass nach der Erkennung von E3 und K3[94] auch die Aminosäurekontakte der TMDs ausgebildet werden können. Die für diese Interaktion wichtigen Aminosäuren wurden aus der Kristallstruktur des SNARE-Komplexes identifiziert.[8] Die Orientierung der Helices zueinander konnte daher nur durch das Einfügen beziehungsweise Entfernen von Aminosäuren im Linkerbereich beeinflusst werden. Die TMDs ordnen sich so in der Membran an, dass der Bereich der unpolaren Aminosäuren nicht mit dem Lösungsmittel in Kontakt kommt (*hydrophobic effect*).[167] Es ist bekannt, dass die Insertion der TMDs in die Membran von basischen Aminosäuren über Ladungswechselwirkungen im Kopfgruppenbereich der Phospholipide unterstützt wird.[18] Somit werden die Helices vertikal in der Membran fixiert und können sich nur lateral auf der Oberfläche bewegen (Abbildung 3.10).

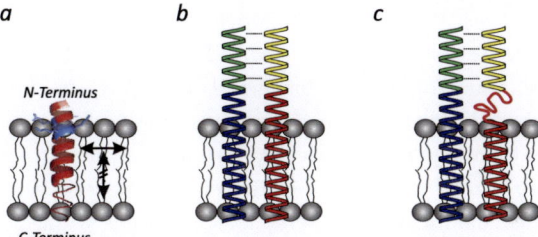

Abbildung 3.10: *a) Fixierung der TMD in der Lipidmembran am Beispiel von Syntaxin-1A. Eine polybasische Domäne (Aminosäuren RRKK, blau) sowie der hydrophic effect fixieren die Helix in der Membran. b) Das Modellsystem bestehend aus E3-VAMP2 (grün-blau) und K3-VAMP2 (gelb-rot), ist optimal zueinander ausgerichtet c) Durch Einführung weiterer Aminosäuren in der Linker-Region besitzen die Peptidketten nicht die optimale Länge, um nach dem Einbau in die Membran über das Coiled-Coil zu interagieren. Es besteht die Möglichkeit, dass hier kein α-helikaler Übergang, sondern ein ungeordneter Bereich im Linker des Syntaxin-Derivats vorliegt.*

Tamm *et al.* haben die Struktur von VAMP2 (1-116) in Mizellen untersucht und dabei herausgefunden, dass das Protein auch vor der Komplexierung einen α-helikalen Anteil aufweist; der Linker-Bereich zwischen SNARE-Region und TMD ist jedoch ungeordnet.[168] Die Kristallstruktur des neuronalen SNARE-Komplexes in einer Membranumgebung zeigt jedoch, dass der Übergang von der SANRE-Region zur TMD auch in einer α-Helix vorliegt.[8] Es wurde daher vermutet, dass durch das *Zippering* und den Wechsel vom *trans* zum *cis*-Komplex die Helikalisierung des Linkers eingeleitet wird.[168]

Durch das Einfügen oder Entfernen von Aminosäuren im Linkerbereich wird die relative Ausrichtung der Helices beeinflusst, aber auch die Entfernung der Erkennungseinheit zur Membranoberfläche. Um einen idealen Übergang vom *Coiled-Coil*-Peptid zur TMD zu erhalten, wurden die Längen der SNARE-Sequenzen der beiden Peptide annähernd gleich gewählt. In Kapitel 3.1.5 wird dieser Ansatz aufgegriffen, um Variationen im Linkerbereich eines dieser Peptide einzubringen und den Einfluss der Linkerlänge auf das Fusionsverhalten zu untersuchen. Wenn die Anzahl der Aminosäuren im Linker stark voneinander abweicht, ist es vorstellbar, dass die Erkennung des *Coiled-Coils* nicht zu einer Helikalisierung des Linkers führt und dieser Bereich ungeordnet bleibt. Sofern die Ausbildung der Helix im Linkerbereich wichtig für den Fusionsprozess ist, sollte bei einer Situation wie in Abbildung 3.10c ein Einfluss auf die Fusogenizität des Systems zu beobachten sein.

Die Synthese der Peptide erfolgte mittels automatisierter Mikrowellenunterstützter Festphasensynthese (MW-SPPS) auf vorbelegten Wang-Harzen nach Standard-Fmoc-Protokollen. Aufgrund der sehr hydrophoben Sequenz wurden alle Aminosäuren doppelt gekuppelt und nach jeder Doppelkupplung etwaige freie Amine mit Essigsäureanhydrid acetyliert, um Fehlsequenzen zu vermeiden. Die Synthese wurde entweder nach der TMD unterbrochen, um im kleineren Maßstab in manueller Synthese fortzufahren, oder es wurde das komplette Modellpeptid mittels automatisierter MW-SPPS hergestellt. Die Peptidsynthese der einzelnen Moleküle ist detailliert in Kapitel 6.7 beschrieben.

Die chromatographische Reinigung von Transmembranpeptiden stellte ein großes Problem dar. Es wurden viele verschiedene Bedingungen bei der HPLC-Trennung getestet. In HPLC-MS Untersuchungen an C18- und C4-Material wurden die Molekülionen über einen großen Bereich des Chromatogramms nachgewiesen. Vermutlich führt eine Aggregation der Peptide vor oder auf dem Säulenmaterial zu einer Peakverbreiterung, sodass keine abgegrenzten Lauffronten entstehen, sondern die Moleküle langsam über die gesamte Laufzeit von der Säule eluieren. Die Bedingungen der chromatographischen Trennung der Peptide nach der Festphasensynthese konnten daher bisher noch nicht optimiert werden. Die hier vorgestellten Fusionsexperimente wurden mit Peptiden durchgeführt, die durch vielfaches Waschen mit Ether und Zentrifugieren von den Abspaltreagenzien befreit wurden, wobei eine Verunreinigung mit Abbruchsequenzen sowie ein unbestimmter Prozentanteil an Racemisierungsprodukt nicht entfernt werden konnte. Verwendet wurden jedoch lediglich Peptide, die in den ESI-MS-Spektren nur einen geringen Grad an Fragmentierung aufwiesen. Ein Massenspektrum der Transmembrandomänen von Syntaxin-1A (258–288) und VAMP2 (85–116) ist exemplarisch in Abbildung 3.11 dargestellt.

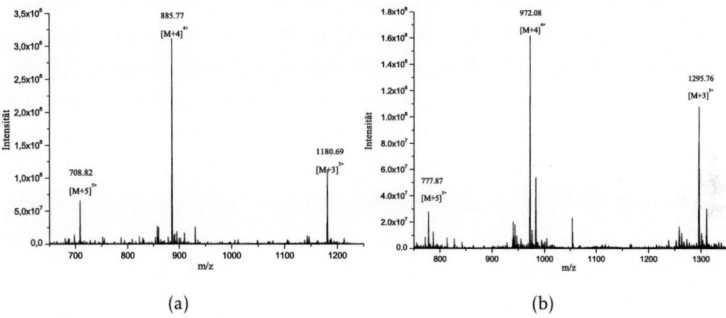

(a) (b)

Abbildung 3.11: *a) ESI-MS Spektrum der TMD von Syntaxin-1A (258–266), [$C_{165}H_{277}N_{41}O_{38}S_3$]. Die drei Signale gehören zu den geladenen Molekülionen, b) ESI-MS Spektrum der TMD von VAMP2 (85–116), [$C_{190}H_{308}N_{42}O_{38}S_3$]. Die geladenen Molekülionen sind zu sehen sowie einige weitere Peptid-Fragmente (vermutlich Abbruchsequenzen) mit deutlich geringerer Intensität.*

Langosch *et al.* berichten in Experimenten mit der TMD von SNARE-Proteinen ebenfalls von Problemen bei der chromatographischen Trennung, konnten aber zeigen, dass sich das gereinigte und ungereinigte Produkt in den Experimente nicht unterschied.[133][5] Die spezifische Erkennung und Induktion der Fusion durch das hier vorgestellte Modellsystem wird in den nachfolgenden Kapiteln gezeigt.

3.1.3 Vesikelpräparation und Nachweis der Peptidinkorporation

Die Einteilung von Vesikeln in SUVs, LUVs und GUVs entsprechend ihrer Größe wurde in Kapitel 2.5.4 beschrieben. In Abhängigkeit der Präparationstechnik können die verschiedenen Größen hergestellt werden.

---

[5]Langosch *et al.* führten chromatographische Trennung mittels HPLC an C18-Material (YMC ODS-H80) durch. Es wurde ein Gradient von 40-95 % (w/v) Gradient von 80 % (v/v) Acetonitril/Wasser mit 1 % (v/v) TFA verwendet. Auch diese Bedingungen führten bei den hier vorgestellten Peptiden nicht zum Erfolg.

In dieser Arbeit wurden zwei Präparationstechniken verwendet, die im Nachfolgenden kurz erläutert werden sollen. Eine detaillierte Beschreibung der Präparation erfolgt in Kapitel 6.3.5.

Vesikelherstellung mittels Extrusion
Für Vesikelherstellung mittels Extrusion wurden zunächst Lipide mit organischen Lösungsmitteln wie Chloroform oder Methanol versetzt und in der gewünschten Menge vermischt. Peptide, gelöst in Trifluorethanol, wurden hinzugegeben und die organischen Lösungsmittel in einem Inertgasstrom entfernt, wobei ein Lipidfilm entstand, der unter vermindertem Druck von Lösungsmittelresten befreit wurde. Der Film wurde anschließend in Puffer rehydriert und Vesikel nach Extrudieren durch Polycarbonat-Membranen mit 100 nm Durchmesser erhalten. Die so präparierten Vesikel zeichnen sich durch eine geringe Polydispersität aus. Es entstehen stabile Vesikel, da auf die Verwendung von Detergentien, deren Verunreinigungen die Vesikelmembran destabilisieren können, verzichtet wird. Für das Einbringen von Transmembranproteinen ist diese Methode nicht geeignet, da organische Lösungsmittel die Proteine denaturieren.[169] Die Synthese der hier vorgestellten Peptide wurde in organischen Lösungsmitteln durchgeführt, sodass eine Denaturierung nicht zu befürchten war. Die Technik der Extrusion wurde in unserer Arbeitsgruppe bereits erfolgreich verwendet, um Transmembranpeptide in LUVs zu inkorporieren.[134]

Vesikelherstellung mittels Größenausschluss-Chromatographie
Ein Nachteil der Extrusion ist, dass die Vorbereitung und Herstellung der Vesikel relativ lange dauert, da die Lipidfilme am Vortag vorbereitet und über Nacht im Vakuum vom Lösungsmittel befreit werden müssen. Daher können nicht ohne Weiteres die Parameter, wie zum Beispiel das Peptid:Lipid-Verhältnis, variiert werden. Es wurde versucht eine Präparation anzuwenden, mit der auch die SNARE-Proteine in Vesikel eingebracht werden konnten.[170] Dazu war es notwendig, mit Hilfe von Detergenz eine wässrige Lösung der Modellpeptide herzustellen. Verschiedene Detergenzien wurden getestet, wie zum Beispiel das Natriumsalz der Cholsäure (Natriumcholat, anionisch), CHAPS (Zwitter-ionisch), CTAP (kationisch) und OGP (nicht-ionisch). Nur in einer CHAPS-Lösung (2 %, m/v) konnten die Peptide solubilisiert werden. Rehydrierte Lipide wurde nach der Zugabe von Puffer mit 5 % (m/v) Natriumcholat erhalten. Die Peptid/CHAPS-Mischung wurde zugegeben und die micellare Peptid-Lipid-Lösung einer Größenausschluss-Chromatographie an Sephadex unterworfen, wobei sich

die Vesikel spontan bildeten.[171] Dabei durften die verwendeten Volumina nicht die Kapazität der Säule überschreiten, da das Detergenz sonst nicht effizient entfernt werden kann. Säulenmaterial und Konzentrationen wurden an Experimente angelehnt, die mit den natürlichen SNARE-Proteinen durchgeführt wurden.[38,172] Exemplarisch wurden die nach dieser Methode hergestellten Vesikel mit den Peptiden K3-VAMP2 und E3-Syntaxin mit *Dynamischer Lichtstreuung* (DLS) und Elektronen-Mikroskopie (EM) untersucht (Abbildung 3.12 und Tabelle 4).

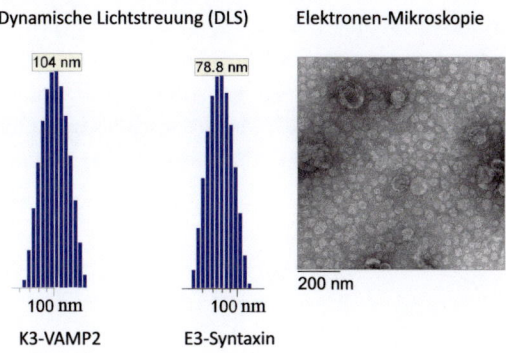

Abbildung 3.12: *Beispiel einer DLS und EM-Untersuchung der hergestellten Vesikel.*

Peptid	Lipid/Peptid	Größe [nm]	Polydispersität [%]
K3-Syntaxin	1000	78.8	17.8
E3-VAMP2	1000	104	19.1

Tabelle 4: *Ergebnis der Bestimmung der Vesikelgröße mittels DLS.*

Mittels DLS wird direkt die Größe der Vesikel bestimmt und über die erhaltene Polydispersität, die über die relative Standardabweichung der Durchmesser berechnet wird, kann eine Aussage über die Homogenität der Größenverteilung gemacht werden.[6] Beträgt die Polydispersität weniger als 20 % wird von monodispersen Systemen gesprochen. Werte zwischen 20 und 30 % bezeichnen eine mittlere Dispersität und bei Werten über 30 % liegt ein polydisperses System vor. Die DLS-Messungen lieferten unterschiedliche Durchmesser für die beiden Vesikelpopulationen; dies

---

[6]Die DLS-Messungen wurden von Heinrich Prinzhorn, Institut für Physikalische Chemie, Universität Göttingen durchgeführt und die EM-Bilder von Dietmar Riedel, MPI für biophysikalische Chemie Göttingen, aufgenommen.

ist jedoch auch für Lipidvesikel bekannt, die mit dem natürlichen SNARE-Proteinen beladen wurden und hängt von den Proteinen ab.[172] Bei beiden wurde eine Polydispersität von unter 20 % erhalten, sodass hier mittels Größenausschluss-Chromatographie monodisperse Vesikelpopulationen hergestellt wurden.

Die Peptid-Inkorporation in die Vesikel wurde überprüft. Einen ersten Hinweis auf eine Inkorporation lieferte ein Fluoreszenz-Spektrum der Vesikelpopulation. Die Modellpeptide auf der Grundlage der VAMP2-TMD haben zwei Tryptophan-Reste in ihrer Aminosäuresequenz. Eine hypsochrome Verschiebung des Maximums der Tryptophan-Fluoreszenz relativ zum Maximum in wässriger Umgebung ($\lambda_{max,Em}$ = 350 nm) spricht dafür, dass sich diese Aminosäure in einer hydrophoben Umgebung befindet.[173-175] Die Tryptophan-Fluoreszenz (Anregung bei 280 nm, Maximum bei 332 nm) ließ auf einen Peptid-Einbau in die Membran schließen (Abbildung 3.13). Beispielhaft wurde hier der erfolgreiche Einbau der Transmembrandomäne von VAMP2 in Vesikel gezeigt.

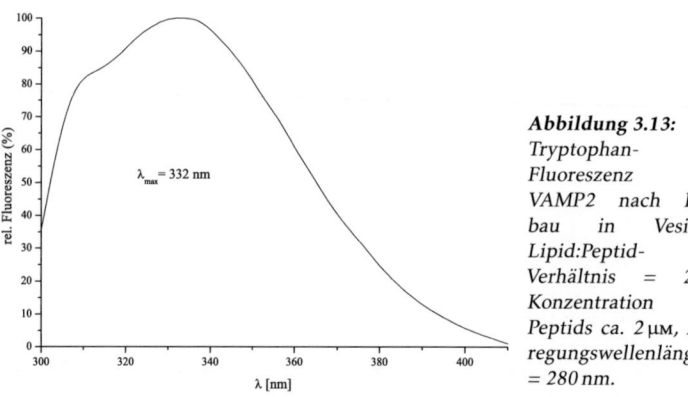

Abbildung 3.13: *Tryptophan-Fluoreszenz von VAMP2 nach Einbau in Vesikel. Lipid:Peptid-Verhältnis = 200, Konzentration des Peptids ca. 2 µM, Anregungswellenlänge = 280 nm.*

Des Weiteren wurden sogenannte Flotations-Experimente durchgeführt. Dazu wurden die Vesikel gegen einen Dichtegradienten zentrifugiert. Da die Peptide eine höhere Dichte haben als das *Nycodenz®*-Medium, werden diese nach dem Zentrifugieren am Boden des Zentrifugenröhrchens erwartet. Vesikel sammeln sich ihrer Dichte entsprechend im *Nycodenz®*-Medium an.[171] Sofern die Peptide in den Vesikeln konstituiert sind, sollten diese in einer von oben beginnenden fraktionierten SDS-PAGE des Röhrcheninhalts in einer der ersten Fraktionen zu finden sein. Dies konnte exemplarisch nachgewiesen werden. Die genaue Durchführung des Experiments ist in Kapitel 6.3.5 beschrieben.

Einen weiteren Hinweis auf den korrekten Einbau in die Vesikel lieferten Fluoreszenz-Anisotropie-Messungen, deren theoretischer Hintergrund in Kapitel 2.5.3 erläutert wurde. Die Messung wird in Kapitel 6.4 detailliert beschrieben. Das Peptid E3 (Kapitel 6.7.9) wurde mit dem Fluoreszenz-Farbstoff NBD (Struktur des Farbstoffs, siehe Kapitel 6.7.9 & 6.7.11) versehen und eine Änderung der Fluoreszenz-Anisotropie bei Zugabe von Vesikeln ohne Peptid und Vesikeln mit K3-Syntaxin (Kapitel 6.7.6) verfolgt (Abbildung 3.14).[7]

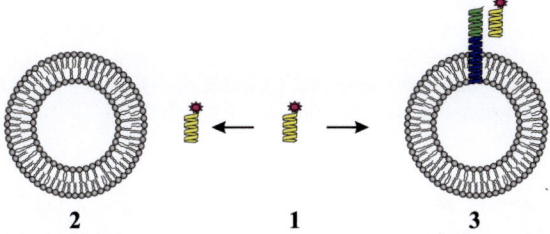

Abbildung 3.14: *Schema der Fluoreszenz-Anisotropie-Messung mit Peptid NBD-E3 (Kapitel 6.7.11) und Vesikeln.*

Für das Peptid E3 wurde keine Änderung der Fluoreszenz nach Zugabe von Vesikeln ohne Peptid beobachtet. Erst beim Hinzugeben von Vesikeln mit K3-Syntaxin ist eine Zunahme der Anisotropie zu sehen (Abbildung 3.15a). Da die Anisotropie bei Zugabe des Vesikels mit dem komplementären Peptid zunimmt, ist die Ausbildung von Dimeren auf der Vesikeloberfläche als wahrscheinlich anzunehmen. Das gleiche Experiment wurde auch mit einem Fluoreszenz-markierten Peptid K3 (*Texas Red*-K3, Kapitel 6.7.8 & 6.7.10) durchgeführt (Abbildung 3.15b).

---

[7]Schematische Darstellungen von Vesikeln mit inkorporierten Peptiden wurden aus Gründen der Übersichtlichkeit jeweils nur mit einem Peptid pro Vesikel gezeigt, obwohl das in den Experiment gewählte Lipid:Peptid-Verhältnis einen vielfachen Einbau zulässt. Des Weiteren wird bei dieser Darstellung vernachlässigt, dass ein Einbau sowohl in die innere als auch in die äußere Lipidschicht, Näherungsweise im Verhältnis von 1:1,[176] stattfindet. Bei einem Vesikeldurchmesser von ca. 60 nm und einer angenommenen Fläche pro Lipid von ca. 65 Å^2 befinden sich bei einem Lipid:Peptid-Verhältnis von 2000 ungefähr 5 Peptide auf der Außenseite der Vesikel (Wert für die Fläche pro Lipid entnommen aus NAGLE et al.).[177]

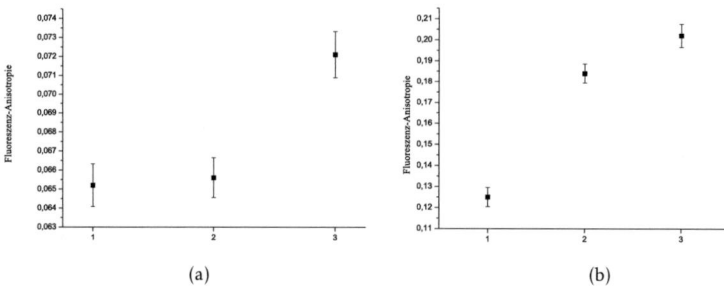

(a)   (b)

Abbildung 3.15: *Anisotropie-Messung mit Peptid E3 (a) und K3 (b): Die Fluores-zenz-Anisotropie des markierten Peptids wurde zunächst bestimmt (1) und an-schließend Vesikel ohne komplementäres Peptid (2) und Vesikel mit komplemen-tärem Peptid (K3-Syntaxin, bzw E3-VAMP2, 3) hinzugefügt. Die Punkte stellen Mittelwerte der Anisotropie über 100 Sekunden dar, wobei die Fehlerbalken die Standardabweichung angeben. Die Punkte entsprechen den Zahlen in Abbildung 3.14.*

Dabei wurde eine deutliche Zunahme der Anisotropie schon bei der Zu-gabe von Vesikeln ohne Peptid beobachtet. Es fällt weiterhin auf, dass die absoluten Werte der Anisotropie höher sind, als für das Peptid E3. Zunächst wurde vermutet, dass das Peptid mit der bei neutralem pH negativ gelade-nen Kopfgruppe des Phosphatidylserins (PS) wechselwirkt, da das Peptid K3 eine Netto-Positiv-Ladung aufweist. Weitere Untersuchungen zeigten je-doch einen Zunahme der Anisotropie sowohl bei der Verwendung von PS-haltigen als auch bei PS-freien Vesikeln. Vermutlich zeigt Peptid K3 dem-nach eine generelle Interaktion mit der Lipidmembran.

3.1.4 Nachweis der Vesikelfusion

Als erstes Fusionsexperiment mit den Peptiden E3-VAMP und K3-Syntaxin wurde ein *Lipid Mixing*-Experiment durchgeführt (Abbildung 3.16). Dafür wurden die Fluoreszenz-Farbstoffe *Oregon Green*®-DHPE (OG-DHPE) und DiD verwendet, wobei je 1.5 mol% eingesetzt wurden (Kapitel 6.5).

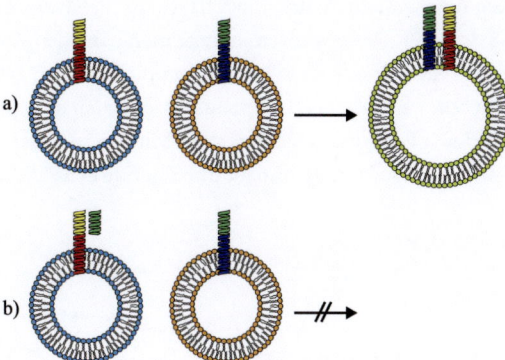

Abbildung 3.16: *Schematische Darstellung des Lipid Mixing-Experiments. a) Die links dargestellte Vesikel wurde mit DiD in der Membran markiert und tragen das Peptid K3-Synatxin. Die anderen Vesikel wurden mit OG-DHPE markiert und trugen das Peptid E3-VAMP2. Sofern Fusion der Vesikel durch die Peptide induziert wird, wird das Fluoreszenzsignal der Farbstoffe durch den FRET-Effekt verändert. b) Es wurden die gleichen Vesikel verwendet, allerdings wurde die Erkennungseinheit des K3-Syntaxin mit dem Peptid E3 blockiert, sodass keine Interaktion der Peptide in den Vesikeln stattfinden konnte.*

Die Struktur der Farbstoffe und deren Fluoreszenzspektren sind in den Abbildungen 6.7, 6.9 & 6.13 zu sehen. Die Vesikel mit einem Lipid-Peptid-Verhältnis von 2000 wurden über die Größenausschluss-Methode hergestellt (Tabelle 5).

Population	Farbstoff	Peptid
1	OG-DHPE	E3-VAMP2
2	DiD	K3-Syntaxin
3	DiD	E3-VAMP2

Tabelle 5: *Hergestellte Vesikelpopulationen für das in Abbildung 3.17 dargestellte Experiment.*

Die Zugabe von K3-Syntaxin in DiD-Vesikeln zu E3-VAMP2 in OG-DHPE Vesikeln (■) führte zu einer stetigen Zunahme der Akzeptor-Fluoreszenz. Bei Zugabe von E3-VAMP2-haltigen DiD-Vesikeln zu E3-VAMP2 in OG-DHPE Vesikeln (○) wurde keine Zunahme der Fluoreszenz beobachtet, sodass diese im ersten beschriebenen Experiment in einer spezifischen Interaktion der Erkennungseinheiten begründet sein sollte. Für weitere Kontrollexperimente wurden die Peptide E3 und K3, die die gleiche Sequenz wie die Erkennungseinheiten des Modellsystems besitzen, synthetisiert (Kapitel 6.7.8 & 6.7.9). Diese wurden in zwei unabhängigen Kontrollexperimenten zu den Vesikeln mit dem jeweils komplementären Modellpeptid gegeben, wobei ein ca. 30facher Überschuss des löslichen Peptids zu den Membran-ständigen Peptiden gewählt wurde. Mit den so behandelten Vesikeln wurde ein *Lipid Mixing*-Experiment durchgeführt (Abbildung 3.17).

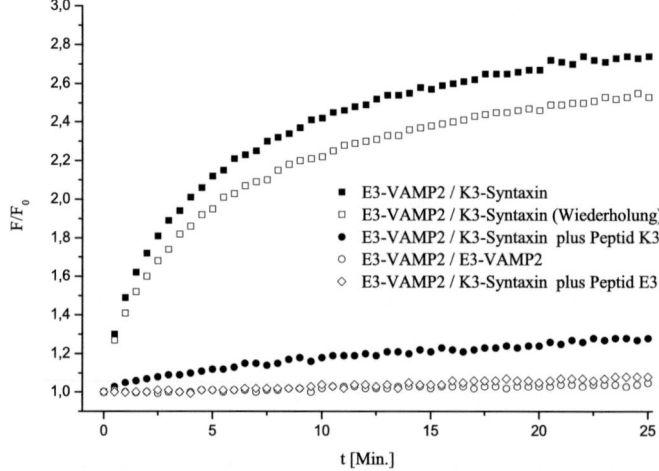

Abbildung 3.17: *Ergebnis eines Lipid Mixing Experiments mit E3-VAMP2/K3-Syntaxin. Die Veränderung des Akzeptor-Signals wurde über 25 Minuten verfolgt. Die Messung erfolgte bei einem Gesamtvolumen von 1200 µL in Puffer (20 mM HEPES, 150 mM KCl, pH = 7.4) wobei je Population 80 µM Lipid verwendet wurde. Inhibition mit den Peptiden K3 und E3 erfolgte in 30fachem Überschuss, bezogen auf die Peptide in den Vesikeln.*

Es sollte untersucht werden, ob die Zugabe des löslichen Peptids die Erkennungseinheit in der Vesikelmembran sättigt und so eine Erkennung der beiden Vesikelpopulationen inhibiert. Im Fall des Peptids E3 wurde kein Anstieg der Fluoreszenz beobachtet ($\Diamond$).

Bei der Inhibition mit Peptid K3 ($\bullet$) war ein leichter Anstieg der Fluoreszenz zu erkennen, der jedoch viel geringer als beim Experiment ohne die Inhibition ausfiel. Die Ergebnisse der Anisotropie-Experimente in Kapitel 3.1.3 liefern einen Erklärungsansatz für das unterschiedliche Verhalten dieser Kontrollexperimente.

Mittels Anisotropie wurde herausgefunden, dass das Peptid E3 keine Interaktion mit der Lipidmembran eingeht. Für das Peptid K3 hingegen wurde auch eine Bindung an die Vesikel, die kein Peptid trugen, angezeigt (Abbildung 3.15). Auch wenn die Bindungsaffinität zum komplementären Peptid höher sein sollte, ist es vorstellbar, dass ein Teil der Peptide zunächst an die Membran bindet und daher nicht alle Erkennungseinheiten des E3-VAMP2 Peptids mit Peptid K3 gesättigt sind. Im Kontrollexperiment (Abbildung 3.17, •) konnte dieser Teil der freien Membran-ständigen Peptide also mit K3-Syntaxin der anderen Vesikeln interagieren, was zu dem leichten Fluoreszenzanstieg führte. Dennoch konnte mit diesen Experimenten die Spezifität der Wechselwirkung nachgewiesen werden.

Das *Lipid Mixing*-Experiment wurde zu Beginn (■) und zum Ende (□) der Messungen durchgeführt, um die Reproduzierbarkeit zu überprüfen. Die Zunahme der Fluoreszenz fällt am Ende der Messungen ca 10 % geringer aus. Da aus anderen Messungen bekannt war, dass die Aktivität der Vesikel mit der Zeit abnimmt, wurden die Populationen auf Eis gelagert, wodurch die Reproduzierbarkeit über mehrere Stunden erhalten werden konnte.

Wie in Kapitel 2.5.4 beschrieben, ist ein *Lipid Mixing*-Experiment kein hinreichender Nachweis der vollständigen Vesikelfusion. Da auch im Zustand der Hemifusion ein Mischen der Lipidmembranen stattfindet, was zu einem FRET-Effekt führt, kann die vollständige Fusion durch diese Messung nicht vom Intermediat unterschieden werden. Um vollständige Fusion nachzuweisen, wurden *Content Mixing*-Experimente (Kapitel 2.5.4) durchgeführt. Das erste Experiment erfolgte mit dem Fluorescein-Derivat Calcein, wobei die Konzentration des Calceins in den Vesikeln auf ca. 40 mM eingestellt wurde. Eine Beschreibung der Vesikelherstellung für dieses Experiment wird in Kapitel 6.6 gegeben. Der eingeschlossene Farbstoff übt einen osmotischen Druck auf die Vesikelmembran aus, sobald das Vesikel-umgebende Calcein mittels Größenausschluss-Chromatographie entfernt wurde. Dies kann je nach Konzentration und dem damit verbundenen osmotischem Druck zum Platzen der Vesikel führen. Die Konzentration musste also so angepasst werden, sodass stabile Vesikel entstehen. Ein Platzen der Calcein-Vesikel resultiert in einem stetigen Anstieg der Fluoreszenz, da dadurch das Calcein in das umgebende Medium freigesetzt wird und die Fluoreszenz-Löschung durch die Verdünnung aufgehoben wird. Ein Schema des Experiments wurde in Kapitel 2.5.4 in Abbildung 2.18 gezeigt. Für das Calcein-Experiment wurden Vesikel-Populationen mittels Größenausschluss herge-

stellt, wobei Peptide in einem Lipid-Peptid-Verhältnis von 1000 eingesetzt
wurden (Tabelle 6).

Population	Farbstoff	Peptid
1	Calcein	E3-VAMP2
2	*ohne*	K3-Syntaxin
3	*ohne*	*ohne*

Tabelle 6: *Hergestellte Vesikelpopulationen für das in Abbildung 3.18 dargestellte Experiment.*

Nach jeder Messung wurden die Vesikel durch die Zugabe von Triton X-
100 zerstört, wodurch das Calcein freigesetzt wurde, was in maximaler
Fluoreszenz resultierte. Alle Messungen wurden auf die Fluoreszenz zu Beginn der Messung und nach Triton-Zugabe normiert (Abbildung 3.18). Zunächst wurde überprüft, ob die hergestellten Vesikel stabil sind und eine
Fluoreszenz-Zunahme nicht durch Autofusion oder durch das Platzen der
Vesikel hervorgerufen wurde.

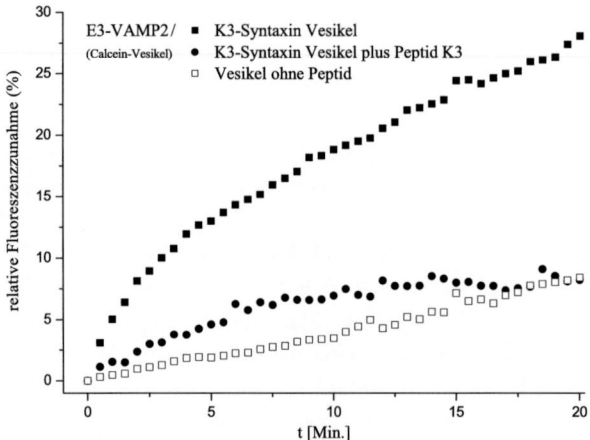

Abbildung 3.18: *Ergebnis des Calcein-Experiments zum Nachweis der vollständigen Vesikelfusion. E3-VAMP2 wurde in Vesikel eingebracht, die 40 mM Calcein
umschlossen. Bei Verdünnung des Vesikelinhalts durch Fusion wird eine Zunahme
der Fluoreszenz durch Abnahme der Fluoreszenz-Selbstlöschung beobachtet.*

Dazu wurde der Verlauf der Fluoreszenz-Intensität der Calcein-Population nach der Zugabe von Vesikeln ohne Peptid und Farbstoff verfolgt (□). Es wurde ein Anstieg der Fluoreszenz um ca. 7 % über 20 Minuten hinweg beobachtet. Ein Experiment mit Calcein Vesikeln und E3-VAMP2, das durch die Zugabe von Vesikeln mit K3-Syntaxin gestartet wurde, zeigte eine Zunahme der Fluoreszenz um ca. 30 % über 20 Minuten (■).

Als Kontrollexperiment wurde eine Inhibition durchgeführt, wobei die E3-VAMP2 Vesikel mit 100fachem Überschuss an Peptid K3 versetzt wurden. Die Fluoreszenz-Intensität nahm über einen Zeitraum von 20 Minuten um ca. 7 % zu (●), was mit dem Anstieg der Fluoreszenz im Kontrollexperiment (□) vergleichbar ist. Dennoch unterscheiden sich die Kurven besonders in den ersten Minuten des Experiments.

Es kann demnach festgehalten werden, dass es sich bei der Zunahme der Fluoreszenz, induziert durch die Peptide E3-VAMP2 und K3-Syntaxin, um ein Mischen der Vesikelinhalte und somit um vollständige Fusion der Vesikel handelt. Diese ist spezifisch für die Erkennungseinheiten E3 und K3 und kann durch die Zugabe der löslichen Peptidkomponenten inhibiert werden.

Wie bereits im Kapitel 2.5.4 erwähnt, kann die durch Calcein-Moleküle außerhalb der Vesikel hervorgerufene Fluoreszenz durch Cobalt-Ionen desaktiviert werden. Diese Kontrolle wurde hier jedoch nicht durchgeführt, da die Calcein-Vesikel relativ instabil waren, wie auch die Zunahme der Fluoreszenz im Falle des Kontrollexperiments zeigt (□).

Da auch die Zugabe der bivalenten Cobalt-Ionen einen negativen Einfluss auf die Stabilität der Membran haben kann,[178] sollte eine Alternative zu diesem Experiment gefunden werden. Im weiteren Verlauf werden daher Untersuchungen mit dem Farbstoff Sulforhodamin B gezeigt.

Die Wahl von E3 als Erkennungseinheit für VAMP2 und K3 für Syntaxin erfolgte willkürlich. Um zu untersuchen, ob dies einen Einfluss auf die Fusion hat, wurde ein Austausch der *Coiled-Coil*-Peptide durchgeführt, was zu den Peptiden E3-Syntaxin und K3-VAMP2 führte (Kapitel 6.7.12 & 6.7.13). Es wurde ein *Lipid Mixing*-Experiment durchgeführt, wobei die Vesikelpopulationen mit einem Lipid-Peptid-Verhältnis von 2000 mittels Größenausschluss hergestellt wurden (Tabelle 7).

Population	Farbstoff	Peptid
1	OG-DHPE	E3-VAMP2
2	OG-DHPE	K3-Syntaxin
3	DiD	K3-Syntaxin
4	DiD	E3-VAMP2

Tabelle 7: *Vesikelpopulationen für das in Abbildung 3.19 dargestellte Experiment.*

In Abbildung 3.19 ist das Ergebnis der Messungen über einen Zeitraum von 20 Minuten zu sehen. Beide Systeme induzieren einen Anstieg der Akzeptor-Fluoreszenz in einer vergleichbaren Kinetik, wobei die maximale Signaländerung vermutlich durch kleine Unterschiede in der Peptidkonzentration in den Vesikeln etwas abweicht. Es wird jedoch deutlich, dass der durch die Modellpeptide induzierte Effekt unabhängig davon ist, ob K3 oder E3 an VAMP2 bzw. an Syntaxin verwendet wurde.

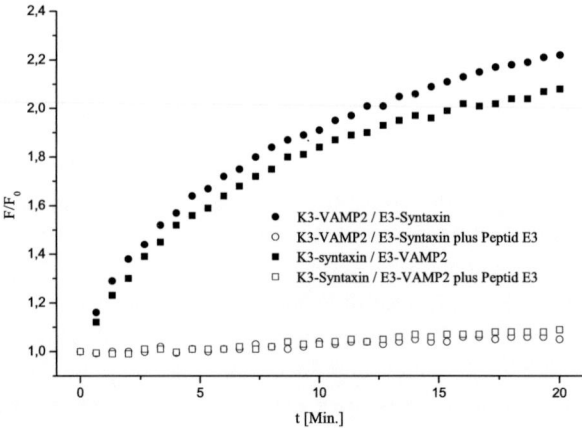

Abbildung 3.19: *Ergebnis des Lipid Mixing-Experiments mit beiden Varianten der Coiled-Coil-Verknüpfung. Neben dem Modellsystem K3-Syntaxin/E3-VAMP2 wurde auch das System K3-VAMP2/E3-Syntaxin untersucht. Die Veränderung des Akzeptor-Signals wurde über 20 Minuten verfolgt. Je Population wurde 80 µM Lipid verwendet. Inhibition mit Peptid K3 erfolgte in 100fachem Überschuss bezogen auf die Peptide in den Vesikeln.*

Um weiterhin einen Einfluss der Farbstoffwahl auf die Fusionseigenschaften der Peptide auszuschließen, wurde in einem *Lipid Mixing*-Experiment das System K3-VAMP2/E3-Syntaxin in beiden Farbstoff-Kombinationen untersucht. Dafür wurden die Vesikel mit einem Lipid-Peptid-Verhältnis von 1000 mittels Größenausschluss hergestellt (Tabelle 8).

Population	Farbstoff	Peptid
1	DiD	E3-Syntaxin
2	OG-DHPE	E3-Syntaxin
3	DiD	K3-VAMP2
4	OG-DHPE	K3-VAMP2

Tabelle 8: *Vesikelpopulationen für das in Abbildung 3.20 dargestellte Experiment.*

Auch hier wurde die Änderung der Akzeptor-Fluoreszenz von DiD über einen Zeitraum von 20 Minuten verfolgt, wobei die Populationen in einem 1:1–Verhältnis eingesetzt wurden (Abbildung 3.20). Die Kurven verdeutlichen, dass es nicht entscheidend ist, ob ein Modellpeptid mit dem Donor- oder Akzeptor-Fluorophor eingesetzt wird. Die Zunahme der Fluoreszenz von E3-VAMP2 (OG-DHPE)/ K3-Syntaxin (DiD) (o) und von E3-VAMP2 (DiD)/ K3-Syntaxin (OG-DHPE) (■) ist nahezu identisch. Exemplarisch wurde die Spezifität der Signaländerung anhand der Inhibition mit Peptid K3 (•, ca. 100facher Überschuss) und mit einem Experiment E3-VAMP2 (DiD)/ E3-VAMP2 (OG-DHPE) (△) bestätigt, wobei nahezu keine Änderung der Fluoreszenz zu beobachten war. Es fiel auf, dass verglichen mit dem in Abbildung 3.17 gezeigten Experiment die Inhibition durch das Peptid K3 nahezu vollständig war, während bei dem ersten Experiment noch ein Anstieg zu beobachten war. Hier wird die Vermutung gestützt, dass durch eine Interaktion des Peptids K3 mit der Membranoberfläche eine höhere Konzentration notwendig ist, um die Bindungsstellen abzusättigen, da in diesem Fall ein 100facher – zuvor ein 30facher – Überschuss eingesetzt wurde.

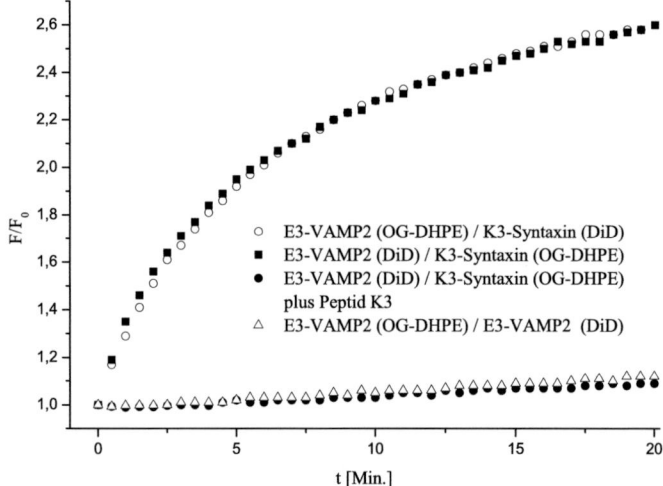

Abbildung 3.20: *Ergebnis des Lipid Mixing-Experiments mit E3-VAMP2/K3-Syntaxin jeweils im Vesikel mit Donor- und Akzeptor-Fluorophor (Farbstoff der Vesikel jeweils in Klammern angegeben). Die Bedingungen entsprechen dem Experiment in Abbildung 3.17. Inhibition mit Peptid E3 erfolgte mit ca. 30fachem Überschuss.*

Um dieses experimentelle Ergebnis zu überprüfen wurde ein *Lipid Mixing*-Experiment durchgeführt, bei dem zunächst eine Erkennung der Modellpeptide in den Membranen stattfinden konnte Während der Messung wurde Peptid K3 als Inhibitor hinzugegeben (Abbildung 3.21). Das durch K3-Syntaxin und E3-VAMP2 induzierte *Lipid Mixing* führte zu einer Zunahme der Fluoreszenz (■). Eine Messung unter gleichen Bedingungen wurde gestartet (×) und nach 1.5 Minuten ein 50facher Überschuss an Peptid K3 hinzugegeben. Es ist kein Unterschied in der Signaländerung zu beobachten. Nach 3 Minuten wurde erneut Peptid K3 hinzugegeben. Nach dieser Zugabe endete die stetige Zunahme und die Fluoreszenz verlief parallel zu einer Kurve, die bei einem Kontrollexperiment erhalten wurde (♦). Hier wurde die Inhibition mit 100fachem Peptid K3 Überschuss vor Beginn des Experiments erreicht.

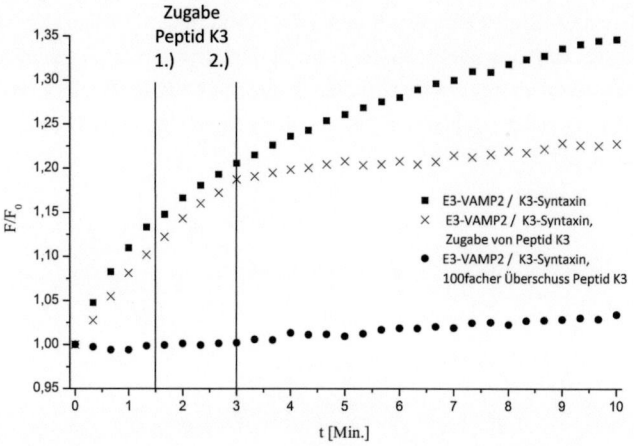

Abbildung 3.21: *Überprüfung des Inhibitionsexperiments mit Peptid K3. Zunächst wurde ein Lipid Mixing-Experiment mit K3-Syntaxin und E3-VAMP2 durchgeführt (■). Anschließend wurde ein Experiment unter gleichen Bedingungen durchgeführt (×) und nach 1.5 Minuten ein 50facher Überschuss an Peptid K3 hinzugegeben. Nach 3 Minuten wurde erneut die gleiche Menge Pepitd K3 zugesetzt, sodass ein 100facher Überschuss vorlag. Eine Kontrolle wurde mit Inhibition vor Beginn des Experiments durchgeführt (●, 100facher Überschuss).*

Die SNARE-induzierte Membranfusion *in vitro* ist in allen bisherigen Experimenten in den Fusionsraten sehr viel langsamer als die *in vivo* Fusion. Dieses Phänomen wurde im Rahmen einer Dissertation von Alexander Stein[8] untersucht.[172] Auch das hier vorgestellte System erreicht nicht die Geschwindigkeit der *in vivo* Fusion, denn in Abbildung 3.17 ist der halbmaximale Anstieg der Fluoreszenz erst nach ca. 3 Minuten erreicht, während die Neurotransmitter-Freisetzung im Bereich von Millisekunden abläuft.[179] Ein Vergleich der Fusionsraten des hier vorgestellten Systems mit den neuronalen SNARE-Proteinen *in vitro* sollte eine Einordnung der Geschwindigkeit ermöglichen. Dazu wurden zwei verschiedene Proteinanordnungen der SNARE-Komplexe eingesetzt. Bei der Konstitution der SNARE-Proteine in einem Vesikel wird die Bildung des sogenannten 2:1-Komplexes beobachtet, der aus zwei Syntaxinen und einem SNAP-25 gebildet wird. Die Gleichgewichtskonstanten liegen auf der Seite dieses Komplexes. Die Bindung mit Synaptobrevin kann mit diesem Komplex nicht stattfinden, sondern kann

---

[8]Abteilung Prof. Dr. R. Jahn, MPI für Biophysikalische Chemie Göttingen

nur aus dem Syntaxin/SNAP-25-Dimer erfolgen.[180] Ein Schema der vorhandenen Gleichgewichtsreaktionen ist in Abbildung 3.22 dargestellt. Eine Fusionsreaktion mit dieser Anordnung ist demnach kinetisch gehemmt, da sie nur aus einem Intermediat erfolgen kann, das im Rahmen einer intramolekularen Gleichgewichtsreaktion schnell zu einem energetisch günstigeren Komplex weiter reagiert.

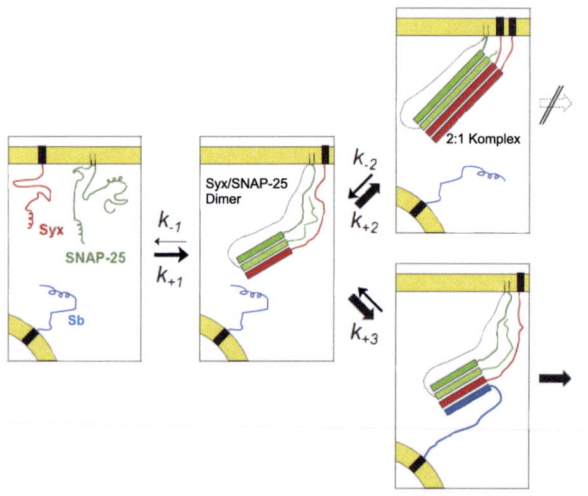

Abbildung 3.22: *Schema des Gleichgewichts von SNAP-25 und Syntaxin.[172] In der Membran mit Syntaxin-1A (Syx) und SNAP-25 bildet sich das Dimer der beiden Proteine aus. Dieses Dimer kann schnell zum 2:1 Komplex weiterreagieren. Eine SNARE-Komplexbildung kann nur aus dem Dimer erfolgen.*

Die schnellste *in vitro* Fusion wurde mit einem sogenannten stabilisierten Akzeptor-Komplex (ΔN-Komplex) erreicht.[172,180] Dieser besteht aus Syntaxin (AS 183-288), SNAP-25 und einem VAMP2-Fragment (AS49-96). Der vorgebildete Komplex bietet eine freie Bindungsstelle für den *N*-Terminus des VAMP2. Bei einem Vesikel-Fusionsexperiment wird in diesem Fall das *Docking* im Vergleich zur Fusion mittels 2:1-Komplex beschleunigt, da dort die Bindungsstelle durch ein zweites Molekül Syntaxin-1A besetzt ist. Bei einem Fusionsexperiment eines ΔN-Komplexes mit VAMP2 findet eine reißverschlussartige Erkennung der SNARE-Motive statt, wobei das kurze Synaptobrevin-Fragment verdrängt, der SNARE-Komplex gebildet und die Fusion eingeleitet wird (Abbildung 3.23). Ein *Lipid Mixing*-Experiment zeigt einen sigmoidalen Kurvenverlauf, der ein leicht verzögertes Einsetzen der Fusion durch den zweistufigen Mechanismus widerspiegelt. Dieser Reaktionsmechanismus wurde von ALEXANDER STEIN aufgrund von Ergebnissen aus Fluoreszenz-Anisotropie-Messungen vorgeschlagen. In Kapitel 3.3.1 werden im Rahmen dieser Arbeit durchgeführte MST-Experimente beschrieben, die diesen Komplex untersuchen und den vorgeschlagenen Mechanismus bestätigen.

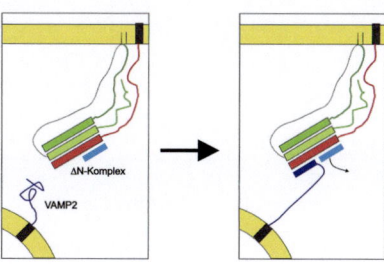

Abbildung 3.23: *Reaktionsschema des ΔN-Komplexes mit Synaptobrevin zum SNARE-Komplex. Es findet eine Erkennung am N-Terminus der Proteine statt. Das VAMP2-Fragment wird verdrängt und der SNARE-Komplex gebildet. Abbildung in Anlehnung an* POBBATI *et al.* [180]

In Zusammenarbeit mit GEERT VAN DEN BOGAART wurden diese beiden Proteinanordnungen der SNARE-Komplexe mit dem hier vorgestellten Modellsystem in einem *Lipid Mixing*-Experiment verglichen (Abbildung 3.24). Es fällt auf, dass der Anstieg der Fluoreszenz im Fall des 2:1-Komplexes (◇) deutlich langsamer war als bei den Experimenten mit dem ΔN-Komplex und mit dem K3-Syntaxin/E3-VAMP2 Modellsystem. Die linke Grafik lässt einen linearen Anstieg der Fluoreszenz vermuten, doch die Darstellung rechts, in der das Signal über 100 Minuten aufgenommen wurde, verdeutlicht, dass es sich um eine Kinetik höherer Ordnung handelt. Die Zunahme der Fluoreszenz ist verglichen mit den anderen beiden Kurven sehr viel langsamer und selbst nach 100 Minuten ist die Reaktion noch nicht in einem Gleichgewicht angelangt. Beim ΔN-Komplex (▷) tritt ein schneller Anstieg der Fluoreszenz nach einer kurzen Verzögerung ein, die vermutlich dem Verdrängen des Synaptobrevin-Fragments zuzuschreiben ist.

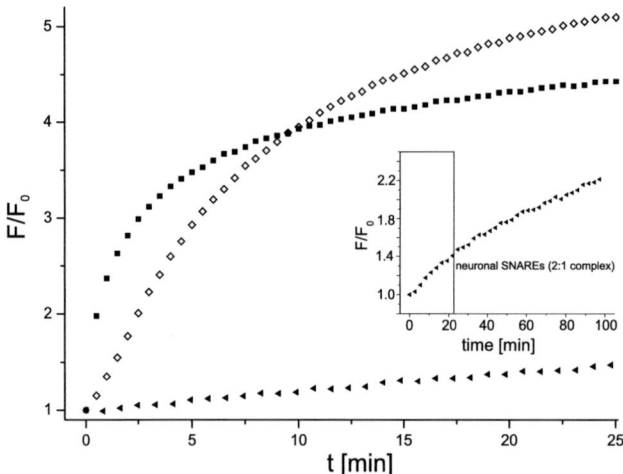

Abbildung 3.24: *Vergleich der in vitro Membranfusion von Vesikeln mit: ∆N-Komplex/Synaptobrevin, 2:1-Komplex/ Synaptobrevin und E3-VAMP2/K3-Syntaxin. In allen Experimenten wurde je Population 80 µM Lipid verwendet.*

Die halbmaximale Signaländerung der Fluoreszenz ist nach ca. fünf Minuten durchlaufen und nach etwa 25 Minuten wird ein Plateau erreicht, ab dem die Fluoreszenz nur noch wenig zunimmt. Der Anstieg der Fluoreszenz, induziert durch das Modellsystem (■), beginnt sofort mit der Zugabe der Vesikel. Die halbmaximale Signaländerung war nach ca. 2.5 Minuten erreicht. Das Maximum der Signaländerung der einzelnen Experimente soll hier nicht verglichen werden. Obwohl die Bedingungen wie Lipidzusammensetzung, Puffer, Temperatur, Fluoreszenz-Farbstoffe und deren Konzentration gleich gewählt wurden, kann nicht ausgeschlossen werden, dass es Unterschiede in den absoluten Konzentrationen der Proteine und Peptide in den Vesikeln gegeben hat. Dennoch kann hier festgehalten werden, dass alle drei Systeme unterschiedlichen Kinetiken unterliegen und die Fusion der Vesikel, induziert durch das Modellsystem, vergleichbar oder sogar schneller ist als die des ∆N-Komplexes. Der unterschiedliche Kurvenverlauf zwischen K3-VAMP2/E3-Syntaxin und dem ∆N-Komplex liegt vermutlich in dem erwähnten mehrstufigen Prozess bei Letzterem begründet.

3.1.5   Linkervariationen

In den nachfolgenden Experimenten sollte untersucht werden, ob die Fusion durch das Einführen von weiteren Aminosäuren in eine der Linkerregionen der Peptide beeinflusst wird. Dafür wurde das System E3-VAMP2/K3-Syntaxin ausgewählt und nur die Linkerregion von K3-Syntaxin verändert, während E3-VAMP2 unverändert blieb. Eine Darstellung der Sequenzunterschiede und die Benennung der Modellpeptide ist in Abbildung 3.25 gezeigt.

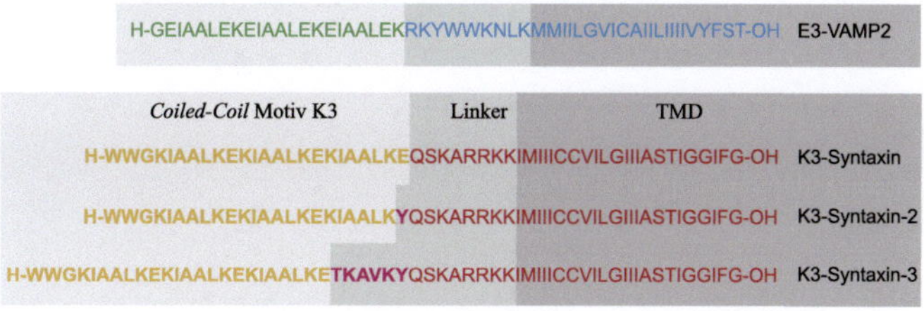

Abbildung 3.25: *Variation des Linkers von K3-Syntaxin.*

Bei K3-Syntaxin-2 (Kapitel 6.7.14)wurde die erste Aminosäure des *Coiled-Coils* gegen eine Aminosäure aus dem natürlichen SNARE-Protein ausgetauscht. Hierdurch sollte untersucht werden, wie wichtig die Ladungswechselwirkung an dieser Stelle für den Erkennungsprozess und die danach stattfindende Fusion ist. Im Peptid K3-Syntaxin-3 (Kapitel 6.7.15) wurden sechs weitere Aminosäuren aus der SNARE-Region des Syntaxins zwischen TMD und *Coiled-Coil* eingefügt. Dadurch wurde die Erkennungseinheit um ca. 1.5 Helixwindungen weiter von der Membran entfernt. Sofern die Ausrichtung der TMDs zueinander und der Abstand der Erkennungseinheit zur Membran wichtig für den Fusionsprozess ist, sollte hier keine oder eine verminderte Fusion zu beobachten sein. Diese Peptide wurden zunächst in einem *Lipid Mixing*-Experiment untersucht, wobei alle Vesikelpräparationen mittels Extrusion durchgeführt wurden, um in allen Populationen möglichst exakt die gleichen Lipid-Peptid-Verhältnisse von 200 einstellen zu können. Details zur Vesikelpräparation mittels Extrusion sind in Kapitel 6.3.5b beschrieben. Diese Vergleichsexperimente wurden in einem Fluorometer mit einem Küvettenwechsler durchgeführt, wodurch die Möglichkeit gegeben war, vier Experimente gleichzeitig aufzuzeichnen. Der Vorteil der gleichzeitigen Vermessung ist, sodass etwaige Veränderungen der Fusogenizität durch „Alterung" der Probe ausgeschlossen werden können.

Die Fusogenizität in den mittels Extrusion präparierten Vesikelpopulationen war generell geringer als in den zuvor gezeigten Experimenten, wobei die Vesikel über Größenausschluß-Chromatographie hergestellt wurden (Abbildung 3.26).

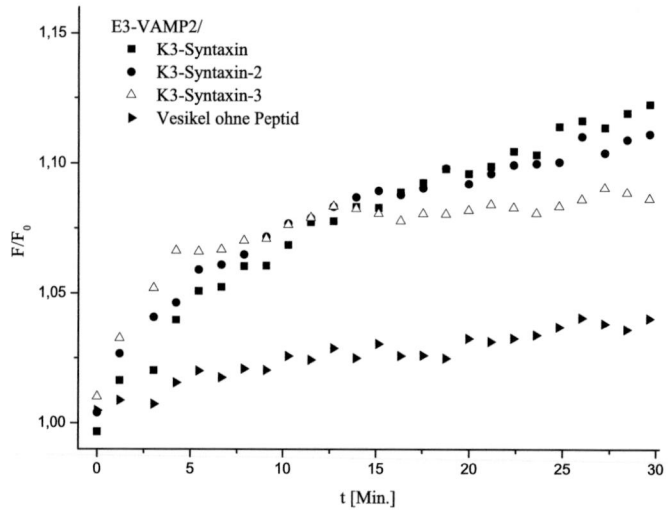

Abbildung 3.26: *Lipid Mixing-Experiment mit drei verschiedene K3-Syntaxin-Modellpeptiden zur Untersuchung des Linkers. E3-VAMP2 in OG-DHPE Vesikeln wurde gegen Vesikel mit den drei Syntaxin-Derivaten und gegen leere Vesikel mit DiD getestet. In allen Experimenten wurden OG-DHPE Vesikel mit 40 µM Lipid und DiD mit 120 µM in 1200 µL verwendet.*

Eine Erklärung dafür könnte die Verwendung von LUVs sein, die aufgrund ihrer Größe und der damit verbundenen geringeren Spannung der Membran eine geringere Fusogenizität als die SUVs aufweisen.[179,181]

Dennoch konnte der Anstieg der Fluoreszenz für alle drei Modellpeptide als spezifisch nachgewiesen werden. Der Anstieg der Fluoreszenz bei einem Experiment von E3-VAMP2 mit Vesikeln ohne Peptid (▶) war sehr gering und bei einem Inhibitionsexperiment konnte nur wenig Signaländerung beobachtet werden (Abbildung 3.27).

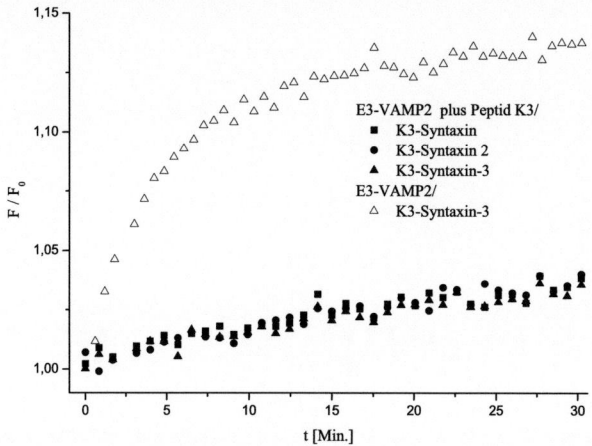

Abbildung 3.27: *Lipid Mixing-Experiment mit drei verschiedene K3-Syntaxin-Modellpeptiden unter Inhibition der Erkennung. Gleiche Bedingungen wie in Abbildung 3.26, allerdings wurden die Vesikel mit den drei Syntaxin-Derivaten vor dem Experiment mit Peptid K3 (100facher Überschuss) behandelt. Als Vergleich wurde das Ergebnis von K3-Syntaxin-3 gezeigt. In allen Experimenten wurden OG-DHPE Vesikel mit 40 μM Lipid und DiD mit 120 μM in 1200 μL verwendet.*

Die durch die modifizierten Peptide induzierte Änderung der Fluoreszenz unterscheidet sich nur wenig vom ursprünglichen Modellpeptid K3-Syntaxin (■). Die Kurve von K3-Syntaxin-2 (●) entsprach weitgehend der des unmodifizierten Peptids.

Bei beiden ist das Maximum der Fluoreszenz nach 30 Minuten noch nicht erreicht. Verglichen mit den Kurven der zuvor genannten Peptide zeichnete sich die Kurve von K3-Syntaxin-3 durch einen stärken Anstieg der Fluoreszenz in den ersten Minuten aus, wobei das Maximum nach ca. 15 Minuten erreicht ist. Die vollständige Vesikelfusion wurde mit einem *Content Mixing*-Experiment untersucht.

Trotz der erfolgreichen Verwendung von Calcein zum Nachweis der vollständigen Fusion in den zuvor vorgestellten Experimenten wurde nach einer Alternative gesucht, da die Vesikelpräparation schwierig war und auch unter optimierten Bedingungen nicht in allen Fällen stabile Vesikel entstanden. Vermutlich bringt der hohe osmotische Druck, der durch den eingeschlossenen Farbstoff in den Vesikeln entsteht, sobald der Überschuss an Calcein auf der Außenseite entfernt wird, die Vesikel zum Platzen. Der Farbstoff Sulforhodamin B benötigt eine geringere Konzentration für die

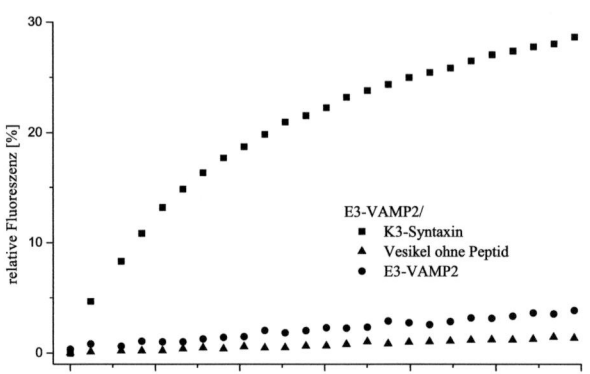

Abbildung 3.28: *Ergebnis des Content Mixing-Experiments mit 20 mM Sulforhodamin B in den E3-VAMP2-Vesikeln. Das Modellsystem zeigt eine Zunahme der Fluoreszenz (■) während die Kontrollen mit Vesikeln ohne Peptid (△) und mit E3-VAMP2 (●) nur geringe Fluoreszenz-Zunahmen bewirken. In allen Experimenten wurden Sulforhodamin B-Vesikel mit 40 µM Lipid und die anderen Vesikel mit 120 µM Lipid in einem Gesamtvolumen von 1200 µL eingesetzt.*

Fluoreszenz-Selbstlöschung als Calcein und wurde in Vesikelexperimenten bereits eingesetzt,[145] jedoch nicht für die hier beschriebene *Content Mixing*-Experimente. Es sollte daher untersucht werden, ob dieser Farbstoff für *Content Mixing*-Experimente geeignet ist und ob gegebenenfalls die Vesikel mit Sulforhodamin-Inhalt stabiler sind.

Das erste Experiment wurde mit E3-VAMP2 und K3-Syntaxin (■) durchgeführt (Abbildung 3.28).

Bezogen auf die Fluoreszenz nach der Zugabe von Triton X-100 wurde eine Zunahme des Signals um ca. 30 % in 30 Minuten beobachtet. Zwei Kontrollexperimente mit Vesikeln ohne Peptid (▲) und mit unmarkierten Vesikeln mit E3-VAMP2 (●) zeigten nur wenig Zunahme der Fluoreszenz. Sulforhodamin B erwies sich somit als sehr gut geeignet für *Content Mixing*-Experimente und wurde für den Vergleich der modifizierten Modellpeptide eingesetzt (Abbildung 3.29).Als Nachteil der Verwendung von Sulforhodamin B in *Content Mixing*-Experimenten ist zu nennen, dass die Fluoreszenz nicht mit Cobalt-Ionen gelöscht werden kann, wie es für Calcein beschrieben ist.[144] Eine Zunahme der Fluoreszenz durch Austritt der Farbstoffmoleküle aus den Vesikeln (*Leakage*) kann daher nicht ausgeschlossen werden. In weiterführenden Experimenten sollte nach Bedingungen gesucht werden, in denen die Calcein-Vesikel stabil sind, um über den Cobalt-Test nach-zuweisen, dass es sich bei der durch die Modellpeptide induzierte Fusion um einen Prozess handelt, bei dem kein Vesikelinhalt an die Umgebung verloren geht.

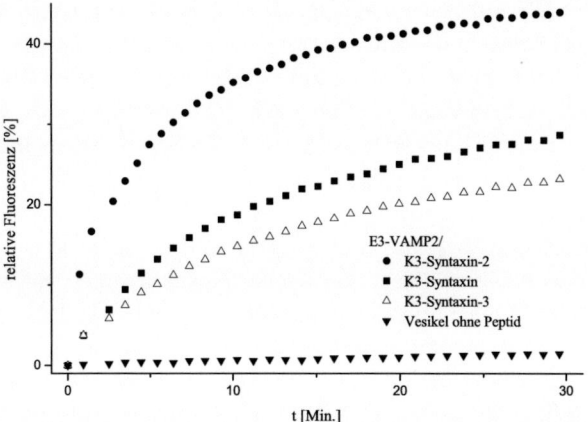

Abbildung 3.29: *Ergebnis des Content Mixing-Experiments mit 20 mM Sulforhoda-min B in den E3-VAMP2-Vesikeln. Sulforhodamin B-Vesikel mit E3-VAMP2 wurden gegen alle drei K3-Syntaxin-Derivate getestet. Alle drei zeigen Zunahme der Fluo-reszenz, als Kontrolle ist ein Experiment gegen Vesikel ohne Peptid gezeigt. In allen Experimenten wurden Sulforhodamin B Vesikel mit 40 µM Lipid und die anderen Vesikel mit 120 µM Lipid in einem Gesamtvolumen von 1200 µL eingesetzt.*

Bei allen drei Syntaxin-Modellpeptiden war ein Anstieg der Fluoreszenz zu beobachten, wobei die Kinetik der Zunahme bei den drei Syntaxin-Derivaten annähernd gleich war. Die drei Kurven unterscheiden sich le-diglich in der Zunahme der relativen Fluoreszenz. Der größte Anstieg war beim Peptid K3-Syntaxin-2 (•) zu verzeichnen, gefolgt von K3-Syntaxin (■) und K3-Syntaxin-3 (△). Der erwartete negative Einfluss durch das Einfügen von Aminosäuren in den Linker (K3-Syntaxin-3) konnte demnach nicht be-obachtet werden und trotz der zusätzlichen sechs Aminosäuren im Linker-bereich wird Membranfusion durch E3-VAMP2 und K3-Syntaxin-3 indu-ziert. Der Wechsel einer Aminosäure im *Coiled-Coil*-Peptid zu einer weite-ren Aminosäure aus der natürlichen Sequenz des Syntaxins führte zu einer erhöhten Fusogenizität.

3.1.6 Diskussion

Die Verwendung von Nukleobasen-funktionalisierten β-Peptiden als molekulare Erkennungseinheit für ein Modellsystem für Membranfusion wurde
in Kapitel 3.1.1 beschrieben. Die Möglichkeiten der Verknüpfung wurden
erläutert und diskutiert, sodass hier nicht näher auf dieses System eingegangen werden soll. In den vorangegangenen Kapiteln wurde ein neues Modellsystem für Membranfusion vorgestellt und auf die Schwierigkeiten mit
der chromatographischen Trennung der Peptide eingegangen. Des Weiteren wurde die Präparation von Vesikeln mit den Modellpeptiden beschrieben sowie Experimente zur Überprüfung des Einbaus in die Lipidmembran
vorgestellt. Es wurden Experimente erläutert, die gezeigt haben, dass das
Modellsystem, bestehend aus den Transmembran-Domänen von Syntaxin-
1A und VAMP2, zusammen mit der artifiziellen Erkennungseinheit des
E3/K3-*Coiled-Coils* zu einem Mischen der proximalen Membranen führt.
Vollständige Membranfusion konnte mittels *Content Mixing*-Experimenten
nachgewiesen werden. Die Erkennung der Modellpeptide war spezifisch für
die *Coiled-Coil*-Sequenzen und konnte mit den wasserlöslichen Peptiden K3
und E3 vollständig inhibiert werden. Eine Erkennung von Vesikeln ohne
Peptid sowie von Vesikeln mit dem gleichen Peptid konnte nicht beobachtet
werden. Für das Peptid K3 wurde eine Bindung an die Membranoberfläche.
Die vorhandenen Daten zeigen, dass bei einer zu geringen Konzentration
des Peptids eine unvollständige Inhibition erreicht wird. Es wurde gezeigt,
dass der Wechsel der *Coiled-Coils* an den TMDs keine Unterschiede in *Lipid
Mixing*-Experimenten hervorruft.

Der abschließende Beweis, dass es sich bei der induzierten Fusion um einen
Prozess handelt, der ohne den Verlust von Vesikelinhalt abläuft, muss noch
erbracht werden. Hier gilt es, das Calcein-Experiment zu optimieren, oder
eine andere Möglichkeiten zu finden, mit dem das sogenannten *Leakage* der
Vesikel während der Fusion untersucht werden kann.

Es wurden verschiedene K3-Syntaxin-Derivate synthetisiert. Durch die Variationen des Linkers wurden in den Experimenten zwar unterschiedliche
Signaländerungen induziert, ein Ausbleiben des *Lipid Mixings* bzw. *Content
Mixings* für eine bestimmte K3-Syntaxin-Sequenz wurde jedoch nicht beobachtet. Während K3-Syntaxin-3 mit den zusätzlichen Aminosäuren in
der Linkerregion in den *Lipid Mixing*-Experimenten eine schnelle Signaländerung und schnelles Erreichen der maximalen Fluoreszenz bewirkte,
wurde im *Content Mixing*-Experiment von diesem Peptide die geringste

Signaländerung hervorgerufen. Möglicherweise führt die räumliche Entfernung der Erkennungseinheit von der Membranoberfläche zu einer schnelleren Erkennung der *Coiled-Coils* und damit zum *Lipid Mixing*. Die vollständige Membranfusion wird hingegen langsamer erreicht, da mehr Flexibilität in den Linker eingebracht wurde. Schon in vorangegangen Studien konnte gezeigt werden, dass die Länge des Linkers und die damit verbundene Flexibilität eine großen Einfluss auf den Fusionsprozess hat. So nahm die SNARE-induzierte Membranfusion mit länger werdendem Linker ab[182] und auch in Modellsystemen wurde dieser Trend beobachtet.[123,126] Um die Aussagen über den Einfluss des Linkers für dieses Modellsystem zu bestätigen, sind Untersuchungen mit weiteren Sequenzmodifikationen notwendig.

Die Erkennungseinheit des Modellsystems besteht aus zwei 21-Aminosäure-langen α-Helices. Für die Ausbildung des SNARE-Komplexes werden vier Helices mit je ca. 90 Aminosäuren benötigt. Die vorgestellten *Lipid Mixing*-Experimente zeigten, dass die Signaländerungen in einer vergleichbaren Zeitskala abläuft oder sogar schneller war als die SNARE-induzierte Fusion *in vitro*. Ein Vergleich der Energie, die bei der Ausbildung des SNARE-Komplexes und des E3/K3-*Coiled-Coils* frei wird, zeigt, dass die beiden Systeme qualitativ eine vergleichbare Bindungsaffinität aufweisen. Die Energie der Bindung von Fragmenten des SNARE-Komplexes wurde von FASSHAUER *et al.* auf −10.4 kcal/Mol bestimmt.[7] In einer anderen Studie wurde die bei der Ausbildung des SNARE-Komplex frei werdende Energie auf $\approx$20 kcal/Mol bestimmt.[183] Bei der Bindung des *Coiled-Coils* werden −9.6 kcal/Mol frei.[93]

Diese Ergebnisse lassen die Frage aufkommen, warum in der Natur ein Vier-Helix Bündel für die molekulare Erkennung der SNARE-Proteine verantwortlich ist. Vermutlich ist eine Vielzahl von Gründen für die Verwendung eines relativ großen und komplexen Systems verantwortlich: Die Notwendigkeit von drei Proteinen, zum Beispiel in der neuronalen Fusion, oder sogar vier Proteinen zum Beispiel in der endosomalen Fusion, ermöglicht es den Fusionsprozesses über die Verfügbarkeit der Proteine sehr gezielt zu regulieren. Des Weiteren ist es möglich, dass die große Erkennungseinheit den regulierenden Eingriff von Proteinen, die an die SNARE-Domäne binden zulässt. Diese Bindung ist zum Beispiel für den Calcium-Sensor Synaptotagmin-1 und Complexin bekannt, die in die neuronale Fusion involviert sind.[184,185] Die heutigen Modelle für SNARE-induzierte Membranfusion (nur in der Neuroexozytose) beinhalten einen teilweise gebildeten

SNARE-Komplex, der erst bei einem Calcium-Einstrom die Fusion einleitet.[186,187] Auch diese Sensorfunktion kann die Verwendung einer großen Erkennungseinheit notwendig machen. Nach dem Verschmelzen der Membranen werden die SNARE-Proteine in den Zellen mit Hilfe der ATPase NSF und dem Protein α-SNAP reaktiviert, wobei das *Coiled-Coil* des SNARE-Komplexes aufgelöst wird.[188] Dieser hoch spezifische Prozess wird mit dem vereinfachten Modellsystem des E3/K3-*Coiled-Coils* nicht nachzuahmen sein, da in diesem Fall nicht nur eine spezifische Erkennung der *Coiled-Coil*-Peptide erforderlich wäre, sondern auch diskrete Interaktionen auf der Außenseite des Komplexes. Das E3/K3-*Coiled-Coil* hingegen wurde nur für eine spezifische Interaktion der beiden α-Helices optimiert.

Neben der Fusion an der Synapse sind noch weitere Fusionsreaktionen in Zellen bekannt. Diese werden von verschiedenen Untergruppen von SNARE-Proteinen katalysiert, die die einzelnen Ereignisse spezifisch für eine Interaktion der zugehörigen Proteine machen. Eine größere Erkennungseinheit könnte daher die Spezität der Wechselwirkung ermöglichen.

3.1.7 Ausblick

Die Verwendung der TMDs von natürlichen SNARE-Proteinen für die Verankerung von Modellpeptiden in Phospholipidmembranen konnte im Rahmen dieser Arbeit gezeigt werden. Zusammen mit einer Erkennungseinheit außerhalb der hydrophoben Membranumgebung können solche Peptide die vollständige Fusion von Lipidvesikeln selektiv induzieren. Nach den hier gezeigten Untersuchungen kann das Modellsystem gezielt modifiziert werden, um spezielle Fragestellungen zu adressieren. Wie schon in den vorangegangenen Kapiteln erwähnt, ist die Frage der Linkerlänge mit den hier gezeigten Sequenzmodifikationen noch nicht beantwortet. Zwar wurden Tendenzen beobachtet, die mit der Literatur übereinstimmen, für eine eindeutige Aussage müssen jedoch noch weitere Systeme synthetisiert und untersucht werden. Neben der Variation der Linkerlänge von einer TMD gilt es auch den Einfluss der Variation des anderen Linkers sowie der Modifikation beider zu untersuchen. Neben diesen qualitativen Untersuchungen zur Membranfusion können auch SNARE-spezifische Fragen adressiert werden. So ist zum Beispiel von Syntaxin bekannt, dass es in den Membranen zu Homodimeren komplexiert und sich in Domänen anordnet.[189] In Kapitel 3.4 sind Untersuchungen zu Syntaxin-1A TMD in der Wildtyp-Sequenz sowie von gezielten Mutationen gezeigt, die bestätigen, dass die Domänenbildung sehr stark vom Lipid PiP2 abhängt und weniger von der vorhandenen Tendenz des Syntaxin-1A, Homooligomere auszubilden. Auch diese Mutationen der TMD können in weiterführenden Untersuchungen mit der Coiled-Coil-Erkennungseinheit versehen werden, um den Einfluss der Domänenbildung auf das Fusionsverhalten zu untersuchen.

In einer von unserer Arbeitsgruppe vorgestellten Untersuchung zum Einfluss der TMD auf den Fusionsprozess wurden unterschiedliche Effizienzen des *Lipid Mixing* bei der Verwendung der gleichen TMD (beide Syntaxin-1A) und von verschiedenen TMD (Syntaxin-1A und VAMP2) beobachtet.[130] Hier erwies sich die Verwendung verschiedener TMD als effektiver, sodass die Transmembraneinheiten neben der Membran-verankernden Eigenschaft auch einen direkten Einfluss auf den Fusionsprozess besitzen. Die entsprechenden Experimente wurden für das im Rahmen dieser Arbeit entwickelte System noch nicht durchgeführt. Mit den bereits synthetisierten Modellpeptiden ist diese Untersuchung jedoch möglich.

Die sogenannte WALP (H-GWW(LA)$_x$WWA-NH$_2$) oder KALP-Sequenzen (H-GKK(LA)$_x$KKA-NH$_2$) stellen sehr gut untersuchte Transmembranhelices dar, die aus einem alternierenden Alanin- und Leucin-Abschnitt bestehen und *N*- und *C*-terminal von Tryptophan oder Lysin flankiert werden.[190]9 In Abhängigkeit von Tryptophan und Lysin in der Kopfgruppenregion sowie der Länge der gesamten Sequenz kann bei diesen das Oligomerisierungsverhaltens beeinflusst werden.[191] Diese definierten TMD stellen eine mögliche Grundlage für ein weiteres Modellsystem für Membranfusion dar. Durch das Einstellen des Oligomerisierungsverhalten können Rückschlüsse auf die Rolle der der TMDs der SNARE-Proteine gezogen werden. Des Weiteren kann zum Beispiel der Linker der SNARE-Proteine zwischen ein solches artifizielles Transmembranpeptid und eine Coiled-Coil-Sequenz eingebracht werden, um so ausschließlich die Interaktionen der Aminosäuren im Linkerbereich zu untersuchen. Die Verwendung von Nukleobasen-funktionalisierten β-Peptiden als artifizielle Erkennungseinheit konnte bisher nicht umgesetzt werden. Eine Synthese dieses Modellsystems in weiterführenden Arbeiten sollte entweder über eine vollständige Synthese des gesamten Peptids an einem Harz in der Boc-Strategie erfolgen oder den Ansatz der *Click-Chemie* aufgreifen. Bei der zuletzt genannten Möglichkeit muss allerdings berücksichtigt werden, dass die Verknüpfung der Fragmente einen nicht-natürlichen Übergang von der Erken-

---

[9]WALP = *tryptophan-alanine-leucine peptide*, KALP = *lysine-alanine-leucine peptide*

nungseinheit zur TMD beinhaltet, der für Untersuchungen der Rolle des Linkers nachteilig sein kann.

3.2 Molekulare Erkennung an der Membran/Wasser-Grenzschicht

3.2.1 Design des Systems und mögliche Interaktion

In Kapitel 2.4.1 wurde das *Coiled-Coil* als System für molekulare Erkennung vorgestellt und Untersuchungen an den *Coiled-Coil*-Sequenzen ISAL K4/E4 beschrieben, das sich durch eine Tetramerbildung auszeichnet. Dieses System sollte hier verwendet werden, um eine Interaktion von Transmembranpeptiden zu induzieren, die zu einer Erkennung der sich in der Membran lateral bewegenden Moleküle führt. Dazu wurde eine der *Coiled-Coil*-Sequenzen als *C*-terminale Verlängerung an die TMD von Syntaxin und die andere als wasserlösliches Peptid synthetisiert. Die Synthese der verwendeten Peptide wird in den Kapiteln 6.7.27 bis 6.7.32 beschrieben.

Name	Sequenz
E4-Syntaxin	H-W(EISALEK)$_4$YQSKARRKKIMIIICCVILGIIIASTIGGIFG-OH
K4	H-W(KISALKE)$_4$G-OH

Tabelle 9: Sequenz der Peptide.

Ein Schema der vorgeschlagenen Interaktion der Peptide ist in Abbildung 3.30 zu sehen. Das wasserlösliche Peptid K4 bindet an das im Vesikel konstituierte E4-Syntaxin und es bildet sich ein *Coiled-Coil*-Dimer. Durch laterale Diffusion bewegen sich die K4/E4-Syntaxin-Komplexe in der Membran, sodass ein Übergang zum Tetramer erfolgt, indem ein weiteres K4/E4-Syntaxin-Addukt bindet.

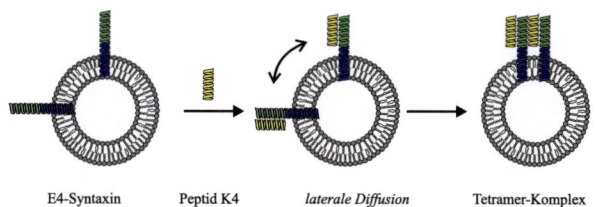

E4-Syntaxin   Peptid K4   *laterale Diffusion*   Tetramer-Komplex

Abbildung 3.30: *Mögliche Interaktion von E4-Syntaxin mit Peptid K4*

3.2.2 Nachweis einer molekularen Erkennung auf der Membranoberfläche

Um die vorgeschlagene Interaktion der Peptide innerhalb einer Membran nachzuweisen, wurden Vesikel mit einem Lipid-Peptid-Verhältnis von 200 mittels Extrusion hergestellt (Tabelle 10).

Population	PC:PE:Chol	Peptid
1	5 : 2.5 : 2.5	E4-Syntaxin
2	5 : 2.5 : 2.5	*ohne*

Tabelle 10: *Vesikelpopulationen für die Experimente zur molekularen Erkennung auf der Membranoberfläche.*

Zunächst wurden Bindungsstudien mittels Fluoreszenz-Anisotropie- und Thermophorese-Messungen durchgeführt (Abbildung 3.31 & 3.32). Anhand beider Messmethoden konnte eine Bindung des Peptids an die Membranoberfläche der Vesikel nachgewiesen werden.

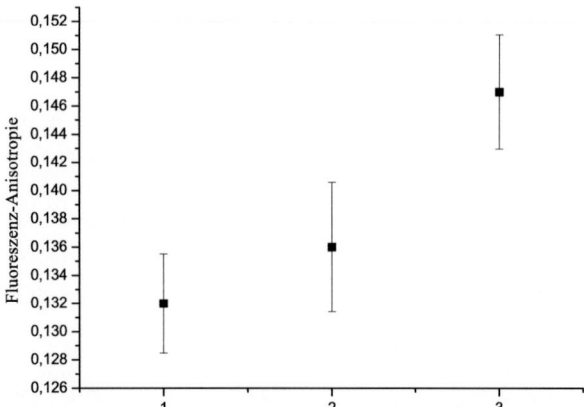

Abbildung 3.31: *Fluoreszenz-Anisotropie-Experiment zum Bindungsnachweis von Peptid K4 an Vesikel mit und ohne E4-Syntaxin. Die Fluoreszenz-Anisotropie des markierten Peptids wurde zunächst bestimmt (1) und anschließend Vesikel ohne komplementäres Peptid (2) und Vesikel mit komplementärem Peptid (E4-Syntaxin 3) hinzugefügt. Die Punkte stellen Mittelwerte der Anisotropie über 100 Sekunden dar, wobei die Fehlerbalken die Standardabweichung angeben.*

Die Bindung des positiv geladenen Peptids K4 konnte auch bereits für das Peptid K3 beobachtet werden. Die Bindungsaffinität zum *Coiled-Coil*-Peptid scheint dennoch gegeben zu sein, da in den Fusionsexperimenten in den vorangegangenen Kapiteln die Fusion durch eine hohe Konzentration von Peptid K3 vollständig inhibiert werden konnte. Punkt 1 zeigt die Fluoreszenz-Anisotropie von Peptid K4 (Peptid Atto 647-K4, Kapitel 6.7.31), Punkt 2 stellt die Situation nach Zugabe von Vesikeln ohne Peptid dar und in Punkt 3 wurden Vesikel mit E4-Syntaxin hinzugegeben, wobei jeweils über einen Zeitraum von 100 Sekunden gemittelt wurde.

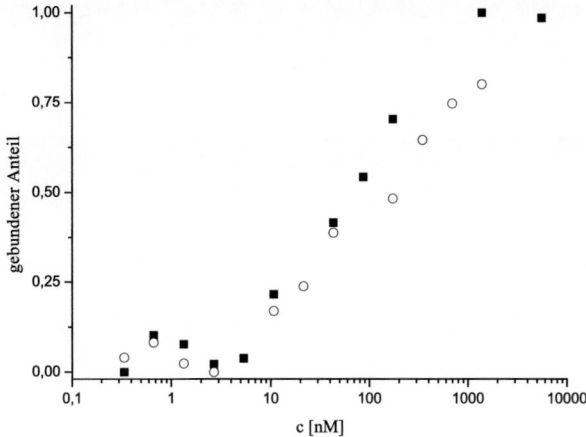

Abbildung 3.32: *MST-Experiment zum Bindungsnachweis von Peptid K4 an Vesikel mit und ohne E4-Syntaxin*

Für das MST-Experiment wurde eine konstante Konzentration von Peptid K4 (20 nM Peptid Atto647-K4, Kapitel 6.7.31) gegen eine Verdünnungsreihe von Vesikeln (○) und Vesikeln mit E4-Syntaxin (■) titriert. In beiden Fällen ist eine Bindung zu erkennen.

Für den Nachweis des Übergangs von einem Dimer zu einem Tetramer durch die molekulare Erkennung an der Außenseite der Membran wurde ein FRET-Experiment durchgeführt. Dazu wurde das Peptid K4 *N*-terminal mit einem FRET-Paar *Oregon Green*® und *Rhodamin Red*™versehen (Peptide OG-K4 und *Rhodamin Red*-K4, Kapitel 6.7.29 & 6.7.30). Die Peptide wurde in gleicher Konzentration vorgelegt und die Donor-Fluoreszenz gemessen. Anschließend wurden Vesikel mit E4-Syntaxin (Lipid-Peptid = 200) hinzugegeben (Abbildung 3.33 & 3.34).

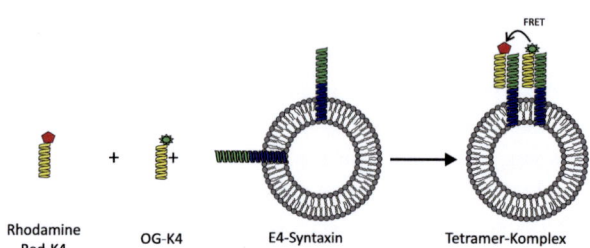

Rhodamine Red-K4   OG-K4   E4-Syntaxin   Tetramer-Komplex

Abbildung 3.33: *Experiment zum Nachweis der Tetramerbildung in der Vesikelmembran. Peptid E4 wurde mit unterschiedlichen Fluoreszenz-Farbstoffen versehen und in gleicher Konzentration in Puffer gegeben. Anschließend wurden Vesikel mit K4-Syntaxin hinzugegeben. Durch die Bindung der beiden Fluorophormarkierten Peptide zum Peptid in den Vesikeln kommen die Farbstoffe in räumliche Nähe und ein FRET-Effekt kann beobachtet werden.*

Abbildung 3.34a zeigt das Fluoreszenzspektrum bei einer Anregungswellenlänge von 480 nm vor der Zugabe von E4-Syntaxin-Vesikeln (schwarze Linie) und nach Zugabe (gestrichelte Linie). Nach der Zugabe ist eine Abnahme des Maximums bei 530 nm und das Auftreten eines weiteren Maximums bei 590 nm zu sehen, was für einen FRET-Effekt spricht. Die Abnahme der Donor-Fluoreszenz über die Zeit ist in Abbildung 3.34b dargestellt.

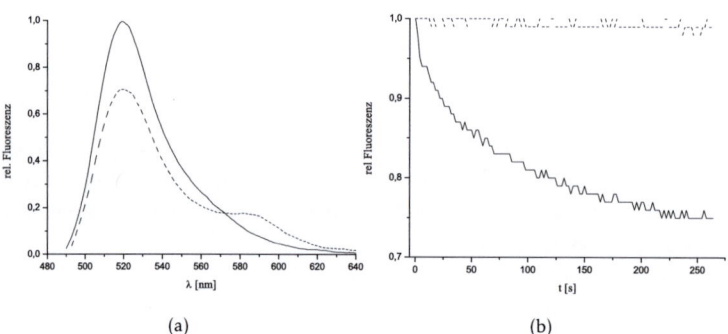

(a)   (b)

Abbildung 3.34: *Experimente zum Nachweis der Tetramerbildung: a) Fluoreszenzspektrum (Donor-Fluoreszenz) von Peptid OG-K4 und Rhodamin Red-K4 vor (schwarze Linie) und nach (gestrichelte Linie) Zugabe von Vesikeln mit E4-Syntaxin b) Zeitabhängige Messung der Donor-Fluoreszenz bei Zugabe von E4-Syntaxin-Vesikeln (schwarze Linie) und Vesikeln ohne Peptid (gestrichelte Linie). In beiden Experimenten wurden je 4 μM OG-K4 und Rhodamin Red-K4 in 1200 μL gegeben und anschließend Vesikel mit E4-Syntaxin (150 μM Lipid) hinzugefügt.*

Die Möglichkeit, dass der FRET-Effekt einzig durch die räumliche Nähe von unterschiedlich markierten K4/E4-Syntaxin-Dimeren auftrat, wurde ausgeschlossen, da die Abnahme der Donor-Fluoreszenz hier ein relativ langsamer Prozess ist. Ein FRET-Effekt aus dem genannten Grund würde sehr schnell eintreten, wie der Bindungsnachweis mittels Fluoreszenz-Anisotropie gezeigt hat. Ein FRET-Effekt aufgrund einer unspezifischen Bindung der beiden Farbstoff-markierten Peptide an die Vesikel konnte über eine zeitabhängige Messung ausgeschlossen werden. Die gestrichelte Kurve in Abbildung 3.34b zeigt das Verhalten der Fluoreszenz-Intensität nach Zugabe von Vesikeln, die kein Peptid E4-Syntaxin enthielten.

3.2.3 Diskussion

In Kapitel 3.2 wurde das Design und die Synthese von Peptiden vorgestellt, die über ihre *Coiled-Coil*-Sequenzen zur Ausbildung von Tetramer-Komplexen befähigt sind. Über die Verankerung eines der Peptide in einer Lipidmembran mittels einer Transmembrandomäne sollte dieses System bei Zugabe des komplementären *Coiled-Coil*-Fragments zunächst zu einem Dimer komplexieren. Anschließend sollte durch laterale Diffusion dieses Aggregats und Erkennung eines weiteren Dimers ein Tetramer-Komplex erhalten werden. Ein Bindungsnachweis für die Ausbildung eines Dimers aus E4-Syntaxin und Peptid K4 konnte mittels Fluoreszenz-Anisotropie und MST nicht erbracht werden, da eine Affinität des Peptids K4 zum Vesikel bestand.

Den Bindungsnachweis sowie einen Hinweis auf die Ausbildung höherer Aggregate lieferte ein FRET-Experiment. Mit dem unterschiedlich Fluoreszenz-markierten *Coiled-Coil*-Peptid konnte das Auftreten eines FRET-Effekts nach Zugabe von Vesikeln mit dem komplementären *Coiled-Coil*-Peptid beobachtet werden. Vesikel ohne Peptid zeigten keine Veränderung im Fluoreszenz-Signal. Die Abnahme der Donorfluoreszenz könnte ein Hinweis auf die Ausbildung von Tetramer-Komplexen sein, die durch laterale Diffusion der *Coiled-Coil*s in der Membran und nachfolgende Erkennung entstehen. Eine weitere Ursache für diese Abnahme des Signals könnte die räumliche Nähe von Dimeren sein, ohne dass eine Bindung dieser Komplexe auftritt. Hierfür wäre allerdings eine sehr schnelle Abnahme der Fluoreszenz erwartet worden und nicht das beobachtete langsame Abnehmen der Donorfluoreszenz.

Die hier gezeigten Experimente geben einen ersten Hinweis darauf, dass das

Coiled-Coil aus ISAL E4/K4 höhere Aggregate bildet und für die molekulare Erkennung an der Membran/Wasser-Grenzschicht geeignet ist.

3.2.4 Ausblick

Die Tetramerbildung stellt eine interessante Möglichkeit dar, molekulare Erkennung an der Membran/Wasser-Grenzschicht zu untersuchen. Während im bereits von unserer Arbeitsgruppe vorgestellten System ein temperaturabhängiges Gleichgewicht zwischen gebundenen und ungebundenen Molekülen vorliegt,[134] kann die Erkennung des hier gezeigten Systems durch die Zugabe des wasserlöslichen Peptids eingeleitet werden. Das Gleichgewicht der Dimer-Bildung liegt auf der Seite des *Coiled-Coils* ($k_D =$ 6×10^{-9}).[93] Die Stabilität der diskutierten Tetramere kann im Rahmen der Untersuchungen bestimmt werden. Das Starten der Erkennung durch die Zugabe einer Komponente ermöglicht weiterhin, dass zunächst Messungen an ungebundenen Membran-ständigen Peptiden durchgeführt werden können. Nach der Komplexierung können dieselben TMDs untersucht werden. Die *Coiled-Coil*-Peptide ISAL E4/K4 zeigten in den ersten Experimenten vielversprechende Ergebnisse im Hinblick auf eine molekulare Erkennung auf der Membranoberfläche. Weitere Experimente sind notwendig, um einen eindeutigen Beweis einer Tetramerbildung zu erhalten. Ein mögliches Experiment ist die Fluoreszenz-Markierung des Membran-ständigen Peptids mit einem FRET-Paar, um auch hier zu untersuchen, ob der FRET-Effekt beobachtet werden kann. Für eine systematische Untersuchung sollte auch eine Fluoreszenz-Markierung des *C*-Terminus des E4-Syntaxins erfolgen, um dieses System direkt mit dem bereits vorgestellten Modell für die Erkennung an der Membran/Wasser-Grenzschicht vergleichen zu können. Wie bereits im Kapitel 3.1.7 erwähnt, neigt das hier verwendete Syntaxin-1A zur Bildung von Homooligomeren innerhalb der Membranumgebung. Diese Tendenz ist für die Untersuchung einer durch molekulare Erkennung auf der Membranoberfläche induzierten Komplexbildung nicht vorteilhaft. Ein Ansatz dies zu umgehen, ist die Verwendung einer artifiziellen Transmembrandomäne, deren Komplexierungsverhalten in der Membran gesteuert werden kann. Auch hier stellen die WALP- oder KALP-Sequenzen eine mögliche Alternative dar, da hier bei entsprechender Sequenzwahl die Komplexierung nicht durch Peptid-Peptid-Interaktionen innerhalb der Membranumgebung beeinflusst wird.[191]

3.3 Ergebnisse der Thermophorese-Experimente

Die Verwendung der Thermophorese zum Nachweis der Bindung von Molekülen wurde bereits in Kapitel 2.5.5 beschrieben. In den nun folgenden Kapiteln werden die Ergebnisse zusammengefasst, die mit der *Microscale Thermophoresis* (MST) in Bindungsexperimenten in Lösung sowie in Vesikelexperimenten erhalten wurden. Dabei werden zum Einen klassische Thermophorese-Experimente beschrieben, die über eine Titration eines Binders zu einem Akzeptor in einer Bindungskurve resultieren. Zum Anderen wird auch eine Möglichkeit vorgestellt, mit deren Hilfe die MST Rückschlüsse auf die Eigenschaften von Vesikeln im Hinblick auf ihre Aggregation mit anderen Vesikeln (Vesikel-*Docking*) gezogen werden können.

3.3.1 Bindungsnachweis an Membran-gebundenen Proteinen

Für den Nachweis einer Bindung von Molekülen an Membranen oder an in den Membranen lokalisierte Proteine werden Methoden wie ITC[146] oder Fluoreszenz-Anisotropie (Kapitel 2.5.3) verwendet. Besonders für die ITC sind große Substanzmengen notwendig, um eine Änderung der Enthalpie, hervorgerufen durch das Bindungsereignis, messen zu können. Daher wurden hier Experimente mit Vesikel-gebundenen SNARE-Proteinen[10] durchgeführt, um zu untersuchen, ob die MST eine geeignete Methode zum Nachweis der Komplexbildung auf der Membranoberfläche ist. Dazu wurde der Akzeptor-Komplex (ΔN-Komplex), bestehend aus Syntaxin (AS 183-288), SNAP-25 und dem Synaptobrevin-Fragment Sb49-96, in eine Vesikelpopulation und Synaptobrevin (AS 1-116), in eine andere Vesikelpopulation eingebracht. Das Sb49-96-Fragment wurde mit Alexa Fluor®488 Fluoreszenz-markiert. Das Lipid-Peptid-Verhältnis betrug bei beiden Populationen 4000, wobei die Vesikel mittels Größenausschluss-Chromatographie (Kapitel 6.3.5b) hergestellt wurden. Es wurde eine Verdünnungsreihe der Synaptobrevin-Vesikel angefertigt und mit einer konstanten Konzentration von ca. 50 nM der Fluoreszenz-markierten ΔN-Vesikel vermischt. Aus *Lipid*- und *Content Mixing*-Experimenten ist unter diesen Bedingungen bekannt, dass die Vesikel fusionieren. Hier wird jedoch nur das Bindungsereignis des Synaptobrevin-Vesikels an den ΔN-Vesikel indirekt durch das Verdrängen des markierten Fragments beobachtet. Diese erhöhte Beweglichkeit im Ver-

---

[10]Alle SNARE-Proteine wurden von Dr. GEERT VAN DEN BOGAART (Abteilung Prof. Dr. R. JAHN, MPI für Biophysikalische Chemie Göttingen) im Rahmen einer Kooperation zur Verfügung gestellt. Die Proteine wurde mittels Expression in *E. coli* erhalten.[38,180]

gleich zum Komplex-gebundenen Molekül resultiert in einer Änderung des Thermophorese-Signals (Abbildung 3.35).

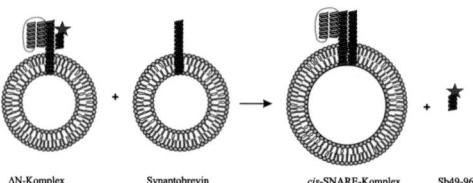

ΔN-Komplex   Synaptobrevin   *cis*-SNARE-Komplex   Sb49-96

Abbildung 3.35: *Fusionsexperiment mit ΔN-Komplex und Synaptobrevin. Beobachtet wird das Freiwerden des Fluoreszenz-markierten Synaptobrevin-Fragments (Sb49-96).*

Als Kontrollexperiment wurde eine Konzentrationsreihe mit Vesikeln ohne Protein durchgeführt. Hier ist bei hohen Vesikel-Konzentrationen keine Abnahme der Fluoreszenz zu beobachten (Abbildung 3.36, o). Da die hier beobachtete Reaktion irreversibel ist, kann keine Bindungskonstante angegeben werden. Allerdings kann mit Hilfe dieser Messung die Konzentration an aktivem ΔN-Komplex in den Vesikeln bestimmt werden. Diese entspricht der Konzentration, bei der eine Abweichung vom vollständig gebundenen Zustand auftritt (hier ca 100 nM). Für eine quantitative Aussage über diese Konzentration muss die Konzentration der Proteine in der Titrationsreihe sehr genau bestimmt werden.

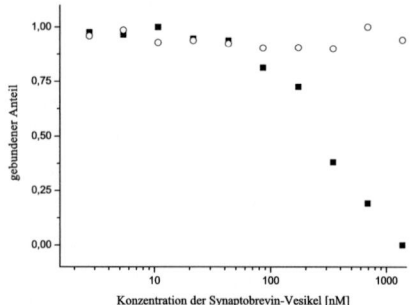

Abbildung 3.36: *Ergebnis des MST-Experiments mit Vesikel-assoziiertem ΔN-Komplex und Synaptobrevin: ■ - Bindungsexperiment, wie in Abbildung 3.35 dargestellt, o - Kontrollexperiment mit Vesikeln ohne Synaptobrevin. Die x-Achse spiegelt die Konzentration der Proteine wieder, wobei angenommen wurde, dass sich 50% der Proteine auf der Außenseite der Vesikel befinden und für die Bindungsreaktion zugänglich sind.[176] Für das Kontrollexperiment wurde eine dem ersten Experiment vergleichbare Menge an Vesikeln verdünnt.*

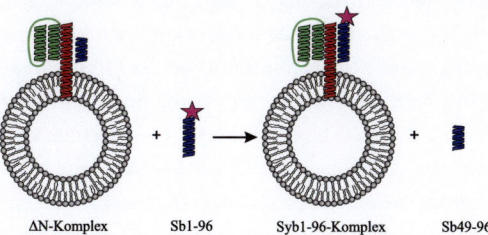

ΔN-Komplex   Sb1-96   Syb1-96-Komplex   Sb49-96

Abbildung 3.37: *Verdrängungsexperiment mit ΔN-Komplex und Synaptobrevin-Fragment.*

Ein zweites Experiment wurde mit dem ΔN-Komplex in Vesikeln durchgeführt, wobei unmarkierte Proteine verwendet wurden. Als Bindungspartner wurde ein wasserlöslicher Teil von Synaptobrevin (Sb1-96) mit Alexa Fluor®488 markiert und die Bindung dieses Fragments zum Vesikel-assoziierten Komplex in einer Titrationsreihe untersucht (Abbildungen 3.37 & 3.38). Die Auftragung der Ergebnisse der Titrationsreihe zeigen eine Bindung für das Sb1-96-Fragment an den ΔN-Komplex an. Für den Fall niedriger Konzentrationen der ΔN-Vesikel wird keine Bindung nachgewiesen. Mit zunehmender Konzentration nimmt der gebundene Anteil zu und erreicht eine Sättigung. Auch bei dieser Reaktion handelt es sich um einen irreversiblen Prozess, da das Fluoreszenz-markierte Synaptobrevin-Fragment eine höhere Bindungsaffinität zum Komplex besitzt.

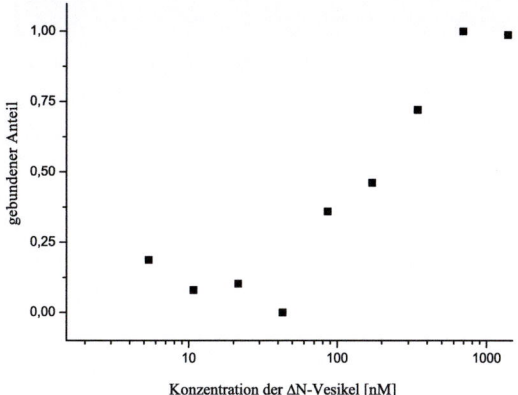

Abbildung 3.38: *Ergebnis des MST-Experiments mit Vesikel-gebundenem ΔN-Komplex und wasserlöslichem Synaptobrevin-Fragment.*

Die beiden vorgestellten Messungen zeigen, dass die MST sehr gut für den Nachweis von Bindungsereignissen an der Membranoberfläche geeignet ist. Für eine Messung ist sehr wenig Substanz (wenige Mikroliter einer nanomolaren Lösung der Bindungspartner) notwendig und diese nimmt nur ca. 30 Minuten in Anspruch. Diese beiden Faktoren stellen einen klaren Vorteil zu ITC Messungen dar, die je nach Größe der Messkammer ein Vielfaches an Substanz benötigen und mehrere Stunden andauern. Die Bestimmung von Komplexbildungskonstanten konnte hier nicht durchgeführt werden, da es sich um irreversible Reaktionen handelte. Mit Hilfe der MST-Experimente ist es jedoch möglich die effektive Konzentration der Peptide oder Proteine auf der Vesikelaußenseite zu bestimmen. Dies könnte eine interessante Anwendung der Thermophorese darstellen, wenn eine Bestimmung der Anzahl von Bindungsstellen auf Vesikeln notwendig ist. Die präparierten Vesikel können in einer Titrationsreihe gegen definierte Konzentrationen eines Binders untersucht und die Konzentration über die Bindungskurve bestimmt werden.

3.3.2 MST-Untersuchungen an Lipidvesikeln

Im Rahmen dieser Arbeit konnte ein neues Experiment entwickelt werden, mit dem es möglich ist Lipidvesikel zu untersuchen, die sich in einem sogenannten gedockten bzw. Hemifusions-Zustand befinden. Viele meist Fluoreszenz-basierte Methoden sind bekannt, um die Fusion von Lipidvesikeln zu untersuchen.[110,142,192–194] Ein eindeutiger Beweis der intermediär auftretenden *docking* und Hemifusions-Schritte ist mit diesen Experimenten allerdings nicht möglich. Erst neuere Untersuchungen mittels Fluoreszenz-Korrelations-Spektroskopie (FCS) konnten erfolgreich für die Untersuchung dieser Intermediate in der Vesikelfusion eingesetzt werden.[195] Grundlage für das hier beschriebene Experiment ist eine Beobachtung, die während der Messungen an Fluoreszenz-markierten Vesikeln gemacht wurde. Die meisten Fluoreszenz-markierten Moleküle und auch Vesikel bewegen sich beim Anschalten des IR-Lasers aus dem heißen Bereich heraus. Sie verhalten sich thermophob (positiver *Ludwig-Soret-Effekt*).[150] Dieses Verhalten konnte für Vesikel, die mit dem Fluoreszenz-Farbstoff DiD (siehe Abbildung 6.9 S. 145) dotiert waren, bestätigt werden. Als jedoch Vesikel, die mit dem Fluoreszenz-Farbstoff *Oregon Green*® -DHPE (OG-DHPE) versehen waren eingesetzt wurden, konnte nach dem Anschalten des IR-Lasers ein Anstieg der Fluoreszenz, also eine Wanderung der

Moleküle in den heißen Bereich, beobachtet werden. Diese Vesikel verhalten sich thermophil (negativer *Ludwig-Soret-Effekt*).[150] Zunächst sollte genauer untersucht werden, unter welchen Bedingungen die Vesikel den negativen *Soret*-Effekt zeigen. Da die Lipid-Mischung in allen Experimenten aus Schweinehirn-Extrakten bestand, war eine Abhängigkeit der Thermodiffusion von diesen Parametern nicht wahrscheinlich. Dennoch wurde eine Messung durchgeführt, bei der das negativ geladene Phosphatidylserin (PS) nicht verwendet wurde, um auszuschließen, dass Wechselwirkungen dieses Lipids mit dem Farbstoff für das Phänomen verantwortlich sind. Es konnte keine Abhängigkeit von der Lipid-Zusammensetzung gefunden werden. Anschließend wurden Messungen mit verschiedenen Konzentrationen von OG-DHPE in den Vesikeln durchgeführt (Tabelle 11).

Lipide	Zusammensetzung	Farbstoff	Anteil
		OG-DHPE	0.5 mol%
PC : PE : PS : Chol.	5 : 2.5 : 2.5 : 1	OG-DHPE	1.5 mol%
		OG-DHPE	5 mol%

Tabelle 11: *Zusammensetzung der Vesikel für ein MST-Experiment. Die Vesikel wurden mittels Extrusion hergestellt.*

Die Vesikel mit 0.5 % OG zeigen beim Anschalten des IR-Laser einen positiven *Soret*-Effekt (Abbildung 3.39).

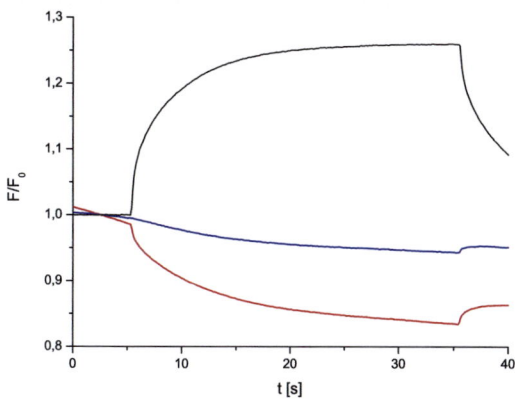

Abbildung 3.39: *MST-Experiment mit Vesikeln unterschiedlicher OG-DHPE-Konzentration: 5 % (schwarz), 1.5 % (blau), 0.5 % (rot), IR-Laser 20 %.*

Bei 1.5 % OG ist dieser nur noch sehr schwach ausgeprägt. Bei 5 % OG hingegen ist ein negativer *Soret*-Effekt zu beobachten. Die Fluoreszenz-Intensität der ersten fünf Sekunden ist bei den einzelnen Messungen sehr unterschiedlich. Dies ist mit der Zerstörung der Farbstoff-Moleküle durch das anregende Licht zu erklären (Photobleichung).[154] Bei 5 % Farbstoff-Molekülen in den Vesikeln ist dieser Anteil zu vernachlässigen, bei 1.5 % und besonders bei 0.5 % wird ein relativ großer Anteil der Moleküle zerstört, sodass die Fluoreszenz während des Experiments durch diesen Effekt abnimmt.

Eine Temperaturabhängigkeit der Fluoreszenz liegt in der Änderung der physikalischen Eigenschaften des Lösungsmittels mit der Änderung der Temperatur begründet.[135] Dadurch kann jedoch nicht das abweichende Verhalten der Fluorophore bei unterschiedlichen Konzentrationen in den Vesikeln erklärt werden. Daher wurden weitere Untersuchungen an den Vesikeln mit verschiedenen OG-Konzentrationen durchgeführt. Es wurden Fluoreszenzspektren der unterschiedlichen Vesikel-Populationen in Abhängigkeit der Temperatur aufgenommen und in Abbildung 3.40 zusammengefasst.

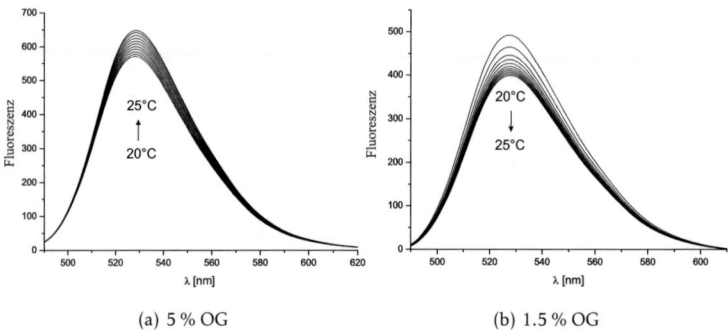

(a) 5 % OG   (b) 1.5 % OG

Abbildung 3.40: *Temperaturabhängige Fluoreszenzspektren von OG-DHPE markierten Vesikeln unterschiedlicher Konzentration. Es wurden 80 μM Lipid von 20-25 °C in Abständen von 1 °C gemessen. Das Erreichen des Temperaturgleichgewichts wurde vor jeder Messung abgewartet. a) Vesikel mit 5 % OG-DHPE. b) Vesikel mit 1.5 % OG-DHPE.*

Die Temperatur wurde von 20 auf 25 °C in Schritten von 0.5 °C erhöht, wobei nach Erreichen der jeweiligen Temperatur drei Minuten zur Einstellung eines Temperaturgleichgewichts gewartet wurde. Bei der Vesikel-Population mit 5 % OG-DHPE ist ein Ansteigen der Fluoreszenz mit steigender Temperatur zu beobachten, während bei 1.5 % OG-DHPE die Fluoreszenz abnimmt. Das Verhalten der Vesikel-Populationen im MST-Experiment, genauer gesagt am Temperatursprung, wird demnach mit diesen Temperatur-abhängigen Fluoreszenzspektren bestätigt. Um dieses Verhalten genauer zu untersuchen, wurde die Temperaturabhängigkeit über einen größeren Temperaturbereich verfolgt. Es wurden Spektren im Abstand von 5 °C über den Bereich von 5 bis 60 °C aufgenommen. Die einzelnen Spektren wurden auf die maximale Fluoreszenz bei 20 °C normiert und anschließend integriert (Abbildung 3.41).

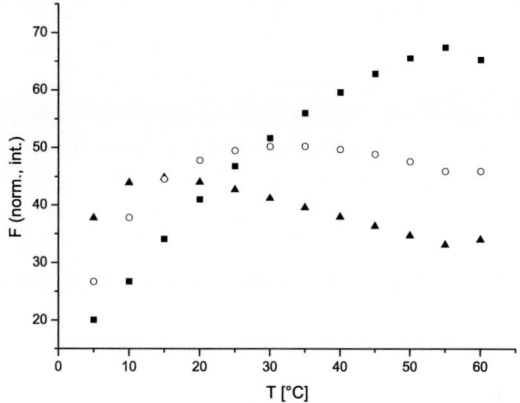

Abbildung 3.41: *Temperaturabhängigkeit der Fluoreszenzintensität von OG-markierten Vesikeln: Die Fluoreszenzspektren wurden auf die maximale Fluoreszenz bei 20 °C normiert und integriert (■ – 5 % OG-DHPE, ○ – 1.5 % OG-DHPE, ▲ – 0.5 % OG-DHPE). Es wurden je 80 μM Lipid von 5 bis 60 °C in 5 °C Abständen gemessen. Das Erreichen des Temperaturgleichgewichts wurde vor jeder Messung abgewartet.*

Bei 5 % OG-DHPE in den Vesikeln ist bis zu einer Temperatur von 55 °C ein Anstieg der Fluoreszenz zu beobachten. Bei 1.5 % steigt die Fluoreszenz bis ca. 25 °C an, bleibt dann annähernd konstant und sinkt ab 40 °C wieder leicht ab. Bei 0.5 % OG-DHPE ist die maximale Fluoreszenz schon bei 15 °C zu beobachten. Gerätebedingt war es nicht möglich, das Photobleichen durch Abschalten des Lasers oder Einbringen einer Blende zu reduzieren. Besonders die Werte der Vesikel-Populationen mit geringer Farbstoff-Konzentration werden vom Photobleichen beeinflusst, sodass das Absinken der Fluoreszenz bei höheren Temperaturen auch durch diesen Effekt hervorgerufen werden kann. Dennoch konnte mit diesem Experiment gezeigt werden, dass die Fluoreszenz von OG-DHPE zum Einen temperatur- zum Anderen aber auch konzentrationsabhängig ist. Eine Erklärung für dieses Phänomen konnte bislang jedoch nicht gefunden werden. Einen Ansatz könnte die Tatsache liefern, dass sich die Farbstoff-Moleküle durch ihre Verankerung in der Membranoberfläche der Vesikel in einem geringen Abstand zueinander befinden. Mit höher werdender Konzentration in der Membran nimmt die Wahrscheinlichkeit der Stoßdesaktivierung der Fluoreszenz zu, sodass vermutet wird, dass der Anstieg der Fluoreszenz mit steigender Temperatur und auch das thermophile Verhalten nur unter *Self-Quenching*-Konzentrationen zu beobachten ist. Eine wässrige Lösung mit dem Carbonsäure-Derivat von *Oregon Green* konnte nicht untersucht werden, da durch Intensität die Detektionsgrenze des Gerätes weit überschritten wird. Eine temperaturabhängige Messung der 5 % OG-DHPE Vesikel-Population, die vor Beginn der Messung mit dem Detergenz Triton-X100 versetzt wurde, zeigt keine Zunahme der Fluoreszenz mit steigender Temperatur, was den zuvor genannten Erklärungsansatz stützt (Abbildung 3.42). Der Abfall der Fluoreszenz kann nur durch fortschreitendes Photobleichen über den Zeitraum der Messung erklärt werden. Dies wird auch durch ein Fluoreszenzspektrum bei 20 °C vor und nach der Messreihe bestätigt.

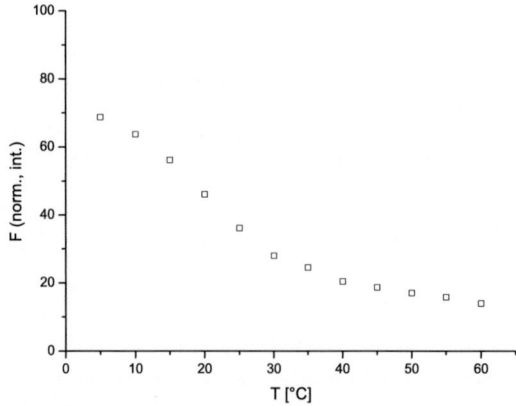

Abbildung 3.42: *Temperaturabhängigkeit der Fluoreszenzintensität von 5 % OG-markierten Vesikeln versetzt mit 1 % Triton-X100. Es wurden 80 μM Lipid in 1200 μL von 5-60 °C in 5 °C Abständen gemessen. Das Erreichen des Temperaturgleichgewichts wurde vor jeder Messung abgewartet.*

3.3.3   MST-Experimente an Synaptotagmin

Im Rahmen einer Kooperation mit der Arbeitsgruppe von Prof. Dr. REIN-HARD JAHN am MPI für Biophysikalische Chemie wurde das zuvor beschriebene Phänomen für die Untersuchung von Vesikeln verwendet, die mit dem Protein Synaptotagmin-1 versehen waren. Das Protein und seine Rolle in der SNARE-induzierten Membranfusion wurde bereits in Kapitel 2.2 beschrieben. Die Fragestellung, die mit den MST-Experiment beantwortet werden sollte, zielte auf den Nachweis der Calciumbindung und der *gedockten* Intermediate der Fusion.[11]

Synaptotagmin-1-induziertes Vesikel-*Docken*:   Für das hier entwickelte Experiment zum Nachweis des Vesikel-*Dockens* ist keine Titrationsreihe notwendig; es wurden nur einzelne Kapillaren gefüllt mit den jeweiligen Vesikeln bei konstanten Konzentrationen vermessen. Für die Experimente wurden die folgenden Proteine verwendet:

Synaptotagmin-1 (Wildtyp)	Syt1 WT
Synaptotagmin-1 (K325A, K326A)	Syt1 KAKA

Beim Protein Syt1 KAKA wurden zwei Lysine aus der Region, die für die Bindung zu anionischen Lipiden - hier Phosphatdylinositol-4,5-bisphosphat (PiP2) - verantwortlich ist, zu Alaninen mutiert. Für das Experiment wurden zwei verschieden Fluoreszenz-markierte Vesikel-Populationen verwendet. Die unterschiedliche Markierung war notwendig, um beide Populationen unabhängig im MST-Experiment verfolgen zu können. Die Proteine wurden in einem Lipid-Peptid-Verhältnis von 1000 in Vesikel, die 1.5 % DiD (Abbildung 6.9, S. 145) enthielten, eingebracht. Diese Vesikel wurden über Größenausschlusschromatographie hergestellt, wie in Kapitel 6.3.5 & 6.3.5a beschrieben. Die zweite Population bestand aus 5 % OG-DHPE markierten Vesikeln und wurde über Extrusion erhalten (Kapitel 6.3.5 & 6.3.5b). Die Zusammensetzung der verwendeten Vesikel–Populationen ist in Tabelle 12 zu sehen.

---

[11]Die Proteinsynthesen und Reinigung wurde in der Abteilung von Prof. Dr. R. JAHN (MPI für Biophysikalische Chemie Göttingen) durchgeführt und sind beschrieben.[52,196]

Farbstoff	Lipide	Verhältnis	Protein
DiD (1.5 %)	PC:PE:PS:Chol:PiP2	4.9 : 2.5 : 2.5 : 0.1	Syt1 WT
DiD (1.5 %)	PC:PE:PS:Chol:PiP2	4.9 : 2.5 : 2.5 : 0.1	Syt1 KAKA
DiD (1.5 %)	PC:PE:PS:Chol	5 : 2.5 : 2.5 : 1	Syt1 WT
DiD (1.5 %)	PC:PE:PS:Chol	5 : 2.5 : 2.5 : 1	*kein Protein*
OG-DHPE (5 %)	PC:PE:PS:Chol	5 : 2.5 : 2.5 : 1	*kein Protein*

Tabelle 12: *Zusammensetzung der Vesikel-Populationen.*

Ein Schema des Experiments sowie ein Beispiel einer Messung ist in Abbildung 3.43 dargestellt. Die rote Kurve zeigt das Verhalten der DiD-
markierten Vesikel im MST-Experiment. Nach Anschalten des IR-Lasers beginnt die positive Thermophorese, die Vesikel bewegen sich aus dem warmen Spot heraus. In grün ist das Verhalten der OG-Vesikel gezeigt. Wie zuvor beschrieben, bewegen sich diese in den warmen Bereich hinein, zeigen
also negative Thermophorese. Die schwarze Kurve stellt das Ergebnis einer
Messung dar, in der beide Populationen gemischt wurden. Hier wurde das
Signal des OG-Farbstoffes verfolgt. Nach einem kurzen Anstieg der Fluoreszenz im Bereich des Temperatursprungs setzt die Thermophorese ein,
die hier entgegen des Verhaltens ohne Syt1 eher aus dem warmen Bereich
heraus stattfindet. Die Vesikel mit dem Protein Syt1 binden demnach an
die OG-Population und kehren das Thermophorese-Verhalten um. Da die
Rückdiffusion, also die Zeit nach dem Ausschalten des IR-Lasers, für diese
Experiment nicht betrachtet wurde, ist dieser Bereich hier nicht dargestellt.

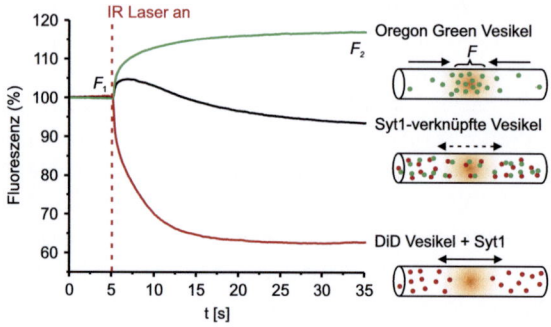

Abbildung 3.43: *Beispiel einer MST-Messung zur Untersuchung von Vesikel-
Docken. Oregon Green-Vesikel (5 %) bewegen sich nach Einschalten des IR-Lasers
in den warmen Fokus. Die Fluoreszenz nimmt zu (negative Thermophorese). DiD
Vesikel bewegen sich aus dem warmen Bereich heraus. Die Fluoreszenz nimmt
ab (positive Thermophorese). Vesikel mit Membran-gebundenem Syt1 docken an die
OG-Vesikel und kehren das Thermophorese-Verhalten um.*

Das Ergebnis der Messungen mit den beiden Synaptotagmin-1-Varianten sowie ohne das anionische Lipid Pi(4,5)P$_2$ sind in Abbildung 3.44 gezeigt. Aufgetragen ist die Abweichung der Fluoreszenz im Thermophoresegleichgewicht (F_2) von der Anfangsfluoreszenz (F_1). Der rote Balken stellt die Situation aus Abbildung 3.43, in der Vesikel-Aggregate auftreten, dar. Die Vesikel mit Syt1 *docken* an die OG-Vesikel und kehren das Thermophorese-Verhalten um. Wenn kein Protein in den DiD-Vesikeln vorhanden ist, bewegen sich die OG-Vesikel in den warmen Laser-Fokus. Auch die PiP2-freien DiD-Vesikel sowie die Syt1 KAKA DiD-Vesikel zeigten nicht das Verhalten, wie der Wildtyp (WT) des Proteins in den DiD-Vesikeln. Bestätigt werden diese Ergebnisse mit Hilfe von dynamischer Lichtstreuung (DLS), was hier jedoch nicht näher erläutert wird.[196]

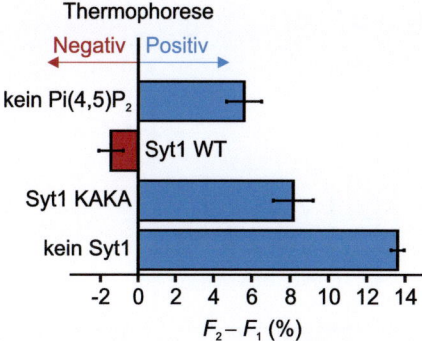

Abbildung 3.44: *Ergebniss des Thermophoreseexperiments zum Nachweis der gedockten Vesikel. Dargestellt ist die Änderung der OG-Fluoreszenz nach 30 Sekunden Erhitzen mit dem fokussierten IR-Laser ($F_2 - F_1$), wobei die Messungen dreimal wiederholt wurden und die Fehlerbalken die Standardabweichung angeben.*

Untersuchung der Calcium-Affinität von Synaptotagmin-1: In vorangegangenen Arbeiten haben RADAKRISHNAN *et al.* bereits die Calciumbindung von Vesikel gebundenem Synaptotagmin-1 untersucht und die spezifische Bindung durch Mutationen nachgewiesen.[52] Des Weiteren wurde dort eine Interaktion von Synaptotagmin-1 mit Phosphoinositol-4,5-bisphosphat (PiP2) gefunden. Die Calciumaffinität der Domänen wurde mit ITC bestimmt und sollte hier mittels MST wiederholt werden. Der Nachweis der Calcium-Bindung von Calmodulin wurde mittels MST bereits durchgeführt.[16] Im Rahmen der im vorherigen Kapitel dargestellten Untersuchung bezüglich des Vesikel-*Dockens* sollte eine Calcium-Bindung in Puffern mit geringer Ionenkonzentration nachgewiesen werden. Dazu wurde ein klassisches MST-Experiment durchgeführt, bei dem das C2AB-Fragment von Synaptotagmin 1 (AS 97-421) an Position 342 über eine

Mutation von Serin zu Cystein und anschließender Kupplung eines Alexa Fluor® 488-Maleinimids mit dem Farbstoff an dieser Position versehen wurde (Abbildung 3.45a). Es wurde dieses Fragment sowie eine weitere Mutation (Syt1 a*b*, D178A, D230A, D232A, D309A, D363A und D365A) untersucht, bei der die Calcium-Bindungsdomänen durch einen Wechsel von Asparaginsäure zu Alanin deaktiviert wurden. Die Proteine wurden unter Verwendung eines Puffers (20 mM HEPES, pH 7.4, 300 mM Saccharose, 5 mM KCl) in einer Konzentration von 60 nM in einer Verdünnungsreihe von Calcium von 5 bis 4000 µM untersucht. Alle Verdünnungsreihen wurden unabhängig voneinander dreimal hergestellt und vermessen. Das Ergebnis ist in Abbildung 3.45b dargestellt.

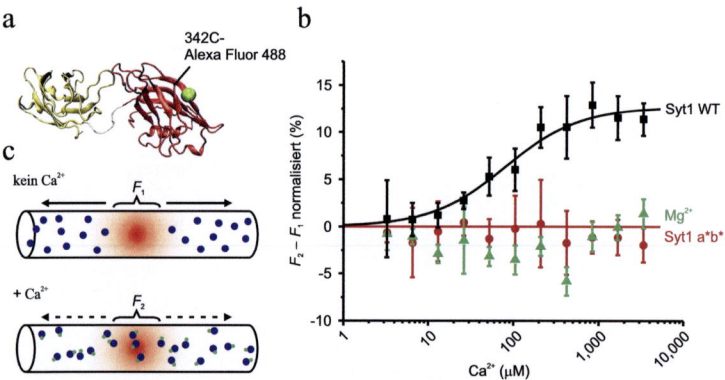

Abbildung 3.45: *Nachweis der Calciumbindung von Synaptotagmin-1. a) Position des Alexa Fluor® 488 Farbstoffs in der C2B-Domäne (rot), die C2A-Domäne ist gelb dargestellt. b) Ergebnisse des MST-Experiments: Verdünnungsreihen von Calcium und Magnesium von 5 bis 4000 µM mit je 60 nM Fluoreszenz-markiertem Protein (Syt1 WT und Syt1 a*b*). Fehlerbalken stellen die Standardabweichung dar, wobei die Messungen jeweils dreimal wiederholt wurden. Für diese Messungen wurden hydrophob beschichtete Kapillaren verwendet. c) Prinzip der MST bei Bindung von Ca²⁺-Ionen. Für eine genauere Beschreibung der MST siehe Kapitel 2.5.5.*

Nur das Synaptotagmin-1 Fragment, das der Wildtyp-Sequenz entspricht (Syt1 WT), zeigte eine Calciumbindungskurve. Dabei führte die Bindung an Calcium zu einem um ca. 15 % reduzierten Thermophorese-Signal. Die Mutante mit deaktivierten Bindungsdomänen (Syt1 a*b*) zeigt keine Veränderung des MST-Signals bei steigender Calciumkonzentration. Als Kontrolle wurde eine Messung mit Magnesium als weiteres bivalentes Kation durchgeführt, um die Calciumspezifität zu untersuchen. Bei einer Titrationsreihe von Magnesium von 5 bis 4000 μM wurde keine Bindung des Syt1 WT-Fragmentes gefunden. Die hier durchgeführte Messreihe umfasst einen sehr großen Bereich der Calciumkonzentration. Um die quantitativen Werte der einzelnen Bindungsereignisse zu bestimmen, ist es notwendig, die Titrationsreihe entsprechend anzupassen. Dabei ist es jedoch fraglich, ob die einzelnen Calciumbindungen nachgewiesen werden können, da die Summe aller Bindungen mit 15 % eine geringe Änderung des MST-Signal darstellt. Die Signaländerung kann möglicherweise durch die Verwendung anderer Kapillaren noch verstärkt werden, sodass auch die schwachen Veränderungen aufgezeichnet werden können.

3.3.4   Diskussion

In diesem Kapitel wurde die Verwendung der optischen Thermophorese für verschiedene Vesikelexperimente und für Bindungsnachweise von Calcium an Proteine beschrieben. Es konnte gezeigt werden, dass Bindungsreaktionen, die an der Vesikeloberfläche stattfinden, mit dieser Methode nachweisbar sind. Bindungsereignisse, die zuvor in Fluoreszenz-Anisotropie-Messungen beobachtet wurden, konnten mittels MST nachvollzogen werden. Die Bestimmung von Komplexbindungskonstanten für Interaktionen an der Oberfläche von Membranen ist grundsätzlich gegeben, bedarf allerdings einer genauen Bestimmung der Konzentrationen der eingesetzten Peptide oder Proteine. Da die Moleküle relativ lange intensivem Laserlicht ausgesetzt sind, werden Farbstoffe benötigt, die wenig zum Photobleichen neigen. Im Rahmen der hier durchgeführten Experimente haben sich die Fluoreszenz-Farbstoffe Alexa Fluor®488 und Atto647N für Molekülmarkierungen bewährt. NBD und *Oregon Green* waren weniger gut geeignet, da neben dem starken Photobleichen auch die Detektion bei niedrigen Konzentrationen nicht mehr gewährleistet war. Die experimentelle Differenzierung von Intermediaten der Vesikelfusion ist schwierig zu realisieren. Eine Möglichkeit ist die Verwendung von Fluoreszenz-Kreuz-Korrelations-Spektroskopie, wie im Rahmen von SNARE-induzierter Membranfusion gezeigt werden konnte.[195] Bei Untersuchungen an Fluoreszenz-markierten Vesikeln konnten unterschiedliche Thermophoreseverhalten der Vesikel beobachtet werden. Obwohl die Ursache für dieses Phänomen bislang unklar ist, jedoch auf Farbstoffkonzentrationen in der Membran zurückgeführt werden konnte, wurde dieses Phänomen hier erfolgreich für den Nachweis des Vesikel-*Dockens* von Synaptotagmin-tragenden Vesikeln eingesetzt, was über DLS Messungen bestätigt wurde.[196]

Auch die Bindung von Ionen an Proteine konnte nachvollzogen werden. Als Vorteil gegenüber ITC ist auch der geringe Substanzbedarf zu nennen. Während hier wenige Mikroliter einer 60 nM Lösung verwendet wurden, waren für die ITC-Messungen Milliliter im Bereich von 50 bis 600 µM nötig.[52] Die ITC kommt ohne die Verwendung von Fluoreszenz-Markierungen aus, sodass natürliche Interaktionen nicht durch die Farbstoff-Moleküle gestört werden. Dennoch haben die hier vorgestellten Messungen gezeigt, dass die optisch erzeugte Thermophorese im Bereich der Proteinbindungen in Lösungen und an Vesikeloberflächen eine interessante Alternative zu anderen Methoden ist.

3.4 Peptid-Lipid-Wechselwirkungen

In Kapitel 2.3 wurden Interaktionen von Proteinen und Lipiden vorgestellt und besonders die Wechselwirkung von PiP2 mit Proteinen der Neuroexozytose hervorgehoben. Für detailliertere Untersuchungen dieser Prozesse wurden in Kooperation mit der Arbeitsgruppe von Prof. Dr. REINHARD JAHN am MPI für Biophysikalische Chemie Göttingen TMDs synthetisiert. Dazu wurden Peptide, die an PiP2 binden sowie Transmembrandomänen von Proteinen, die für ihre PiP2-Interaktion bekannt sind, mittels Festphasensynthese hergestellt. Des Weiteren wurden diese mit Fluoreszenz-Farbstoffen an ihren *N*-Termini versehen, um Experimente, wie Konfokal- oder STED-Mikroskopie, zu ermöglichen. Die Synthese der Peptide wird hier im Folgenden beschrieben und auch auf die Ergebnisse eingegangen, wobei die Experimente von GEERT VAN DEN BOGAART durchgeführt wurden.

3.4.1 Peptidsynthesen und Ergebnisse

Das sogenannte MARCKS (*Myristoylated alanine-rich C kinase substrate*) ist in der Lipidmembran über zwei Funktionalitäten verankert: zum Einen über einen *N*-terminalen Myristinsäure-Rest und zum Anderen über einen polybasischen Bereich in einer Domäne des Proteins (*effector domain*).[197] Schon in vorangegangenen Arbeiten konnte gezeigt werden, dass sich die *effector domain* mit PiP2 in lateralen Domänen in der Membran anreichert.[198] Des Weiteren wird diskutiert, dass MARCKS die Verfügbarkeit von PiP2 in der Membran reguliert.[199] Daher wur-

de dieses Peptid für ein erstes Experiment zur Untersuchung von PiP2-
Domänen mittels STED-Mikroskopie ausgewählt. Die natürliche Sequenz
von MARCKS (151–175), der auch die *effector domain* angehört, wurde
mit einem Fluoreszenz-Farbstoff versehen. Als Farbstoff für die STED-
Mikroskopie wurde Atto647N (Atto-Tec GmbH) ausgewählt, der schon in
anderen STED-Experimenten eingesetzt wurde.[200] Die Fluoreszenzmar-
kierung erfolgte am *N*-Terminus des Peptids über die Kupplung zum N-
Hydroxysuccinimidyl-Derivat des Farbstoffs. Aufgrund der Durchführung
dieser Kupplungsreaktion am vollständig Seitenketten-geschützten Peptid
an fester Phase konnte die Farbstoffkupplung nur an der gewünschten
Position stattfinden.

Bei einer chromatographischen Reinigungen des Rohpeptids mittels HPLC
an C18-Material wurden zwei Fraktionen erhalten, die eine UV-Absorption
bei 647 nm aufwiesen. Laut Produktinformation des Herstellers liegt Atto
647N in einem Gemisch von zwei Isomeren mit identischen Absorptions-
und Fluoreszenz-Eigenschaften vor. Mittels HR-ESI-MS konnten die beiden
Fraktionen dem Produkt zugeordnet werden.

In einem ersten Experiment mit PC12-Zellen wurde die Bildung von Mikrodomänen beobachtet. Die Ergebnisse der Konfokal- und STED-Mikroskopie
wurden verglichen, wobei der gleiche Bereich abgebildet ist (Abbildung
3.46).[12] Ein Gewinn an Auflösung mittels STED-Mikroskopie ist deutlich
zu erkennen.

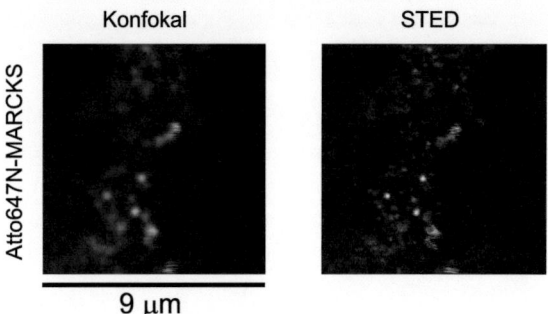

Abbildung 3.46: *Konfokal- und STED-Mikroskopie-Aufnahme eines Membran-
stückes einer PC12-Zelle, sichtbar gemacht mit Atto 647N-MARCKS.*

---

[12]Die STED-Aufnahmen wurden von CHRISTIAN WURM, Abteilung Prof. Dr. STEFAN HELL
am MPI für Biophysikalische Chemie Göttingen durchgeführt.

Die Interaktion von PIP2 und MARCKS erfolgt über die kationischen Aminosäurereste in der *effector domain*. Wie schon in Kapitel 2.3 erwähnt, wird Syntaxin-1A kolokalisiert mit PiP2 in Mikrodomänen gefunden.[68–70] Die Interaktion von PiP2 und Syntaxin-1A erfolgt über einen konservierten Bereich des Proteins (Aminosäuren 260–265) in der Kopfgruppenregion der Lipid-Doppelschicht. Dieser ist mit vielen basischen Seitenketten besetzt (KARRKK).[18,68,201,202]

Um zu überprüfen, ob die polybasische Region für die Bildung der Domänen mit dem negativ geladenen PiP2 verantwortlich ist, wurden weitere Peptide gesucht, die in der Kopfgruppenregion viele positive Ladungen aufweisen. Viele Transmembrandomänen, wie zum Beispiel die TMD von Syntaxin-1A, besitzen dieses Merkmal. Daher wurde diese mit den Aminosäuren 257 bis 288 mittels Fmoc-SPPS hergestellt. Die Synthese der Wildtyp-TMD war schon aus den Experimenten zur Vesikelfusion (Kapitel 3.1.2) bekannt, sodass die Kupplungsbedingungen übertragen werden konnten. Für einen Nachweis der Abhängigkeit der Domänenbildung von der Ladung der TMD im Kopfgruppenbereich wurden weitere Syntaxin-Derivate hergestellt, bei denen Lysin gegen Alanin ausgetauscht wurde. Verschiedene Syntaxin-1A-Derivate wurden synthetisiert (Abbildung 3.47).

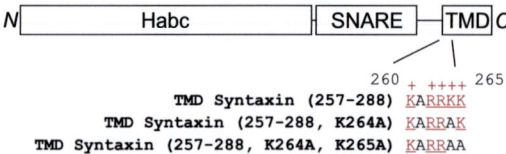

Abbildung 3.47: *Übersicht über die synthetisierten TMDs von Syntaxin-1A.*

Die vollständigen Sequenzen werden in den Kapiteln 6.7.18 bis 6.7.26 gezeigt, wobei auch die Synthesen sowie die Farbstoff-Kupplung beschrieben wird. Auch bei diesen Peptidsynthesen bestand aufgrund der Hydrophobizität der TMD das Problem der chromatographischen Trennung, sodass eine Reinigung mittels HPLC nicht erfolgreich war. Nach der Synthese der TMDs wurden die Peptide mittels ESI-MS analysiert. Nur ein Peptid, das nach Festphasensynthese in der ESI-MS wenig Fragmente von Abbruchsequenzen aufwies, wie in 3.11a dargestellt, wurde mit einem Farbstoff am N-Terminus versehen und für die Experimente eingesetzt.

Auch hier war eine Farbstoffkupplung nur zum *N*-Terminus möglich, da das Peptid auf dem Harz vollständig Seitenketten-geschützt vorlag. Diese Varianten der TMD von Syntaxin-1A wurden in GUVs eingebracht und die

Domänenbildung untersucht. PiP2 wurde als Fluoreszenz-markiertes Phospholipid (BODIPY-PiP2) eingesetzt und diente als Donor-Fluorophor in einem FRET-Experiment (Abbildung 3.48a).

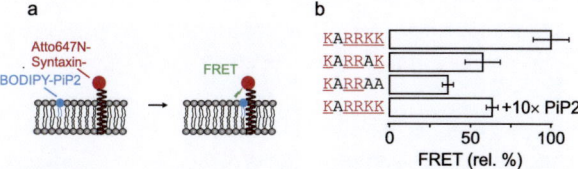

Abbildung 3.48: *a) Grafische Darstellung des FRET-Experiments. Durch Wechselwirkung von PiP2 und Syntaxin in der Membran werden die Fluoreszenz-Farbstoffe in räumliche Nähe gebracht, sodass ein FRET-Effekt möglich ist. b) Ergebnis des FRET-Experiments. Die Atto 647N-markierten Syntaxin-Derivate wurden in Vesikel eingebracht, wobei 0.1 mol% BODIPY-markiertes PiP2 verwendet wurde. Interaktion von PiP2 und TMD führte zu einem FRET-Effekt, der relativ zur Wildtyp TMD dargestellt ist. Weniger positive Ladung im Linker führte zur Abnahme des FRET. Auch die Zugabe von unmarkiertem PiP2 führte zur Abnahme der FRET-Effizienz.*

Sofern eine Interaktion mit den Atto 647N-markierten Syntaxin-Derivat auftritt, kann ein FRET-Prozess vom BODIPY- auf den Atto 647N-Farbstoff stattfinden. Die erfolgreiche Kupplung des Farbstoffs wurde nach der Abspaltung vom Trägermaterial ebenfalls mittels ESI-MS bestätigt.

Für diese Untersuchungen wurden Vesikel aus den artifiziellen Phospholipiden DOPC und DOPS (1,2-Dioleoyl-*sn*-glycero-3-phosphocholin und -serin) in einem Verhältnis von 4:1 mit den Peptiden in einem Lipid-Peptide-Verhältnis von 3000 eingesetzt. Die Membran wurde mit 0.1 mol% BODIPY-PiP2 markiert. Durch die Anlagerung von markiertem PiP2 an die Syntaxin TMD konnte ein FRET-Effekt beobachtet werden. Die FRET-Effizient wurde relativ zur Fluoreszenzintensität des Wildtyps dargestellt, wobei eine Abnahme der Fluoreszenz mit abnehmender Ladung in der polybasischen Region beobachtet wurde.

Für weitere Untersuchungen zur Domänenbildung wurden GUVs mit den Varianten der TMD von Syntaxin-1A hergestellt (PC:PS, 4:1, 1.5 mol% PiP2, 3 mol% TMD). In ein bis fünf Prozent der GUVs wurde Domänenbildung von PiP2 und TMD beobachtet, die ein bis zehn Mikrometer betrugen. Bei einer PiP2-Konzentration größer 5 % oder wenn kein PiP2 verwendet wurde, traten keine Domänen auf. Auch beim Syntaxin-1A (257–288, K264A, K265A)-Derivat wurde keine Domänenbildung beobachtet (Abbildung 3.49). Diese Ergebnisse konnten durch diverse Kontrollexperimente, wie zum Beispiel mit rekombinant hergestellter Syntaxin TMD, die mit dem Grün-fluoreszierenden Protein versehen war, bestätigt werden.

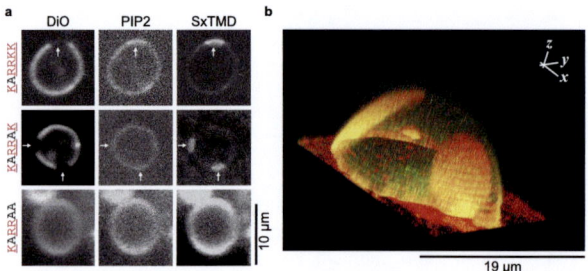

Abbildung 3.49: *Konfokal-Mikroskopie-Aufnahmen von PiP2-Syntaxin-1A Domänen in Membranen. a) Schichtaufnahme von GUVs aus DOPC und DOPS (4:1) mit 1.2 mol% PiP2 und 3 mol% Atto 647N-Syntaxin-1A (257–288). Die GUVs wurden mit DiO (3,3'-Dilinoleyloxacarbocyaninperchlorat) und 0.5 mol% BODIPY-PiP2 Fluoreszenz-markiert. Sowohl PiP2 als auch Syntaxin-1A bildete Domänen in der Größenordnung von Mikrometern aus. b) 3D-Abbildung eines GUVs, rekonstruiert aus den Konfokal-Mikroskopie-Aufnahmen. Die Domänen sind deutlich zu erkennen. Fluoreszenz-Markierung mit OG-DHPE statt DiO und Rhodamin Red statt Atto 647N.*

Die Domänenbildung war unabhängig von der Wahl des Farbstoffs, wie mit einem Wechsel der Fluoreszenz-Markierung gezeigt werden konnte (OG-DHPE statt DiO, *Rhodamin Red* statt Atto 647N und unmarkiertes PiP2). Syntaxin-1A ist für eine Homodimerisierung innerhalb der Membran bekannt, die über die Aminosäurepositionen M267, C271 und I279 der TMD vermittelt wird.[203] Im Rahmen der Bachelorarbeit von BARBARA HUBRICH wurde die TMD Syntaxin-1A (M267A, C271A, I279A) synthetisiert und mit dem Atto 647N-Farbstoff versehen. Die Untersuchungen zur Domänenbildung ergaben, dass trotz der fehlenden Homodimerisierung über die genannten Aminosäuren PiP2-Domänen zu beobachten waren (Abbildung 3.50).

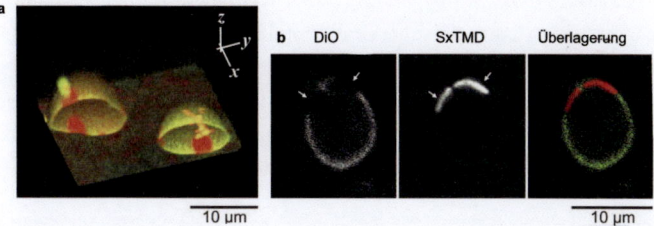

Abbildung 3.50: *Konfokal-Mikroskopie-Aufnahmen von Syntaxin-Derivaten. Die GUVs bestanden aus DOPC und DOPS (4:1) mit 1.5 mol% PiP2 (1,2-Dioleoyl-sn-glycero-3-phospho-(1'-myo-inositol-4',5'-bisphosphat)), 3 mol% TMD und DiO (3,3'-Dilinoleyloxacarbocyaninperchlorat) zur Fluoreszenz-Markierung. a) 3D-Abbildung eines GUVs, rekonstruiert aus den Konfokalmikroskopie-Aufnahmen mit der TMD von Syntaxin-1A (257-288). b) Schichtaufnahme der GUVS mit Syntaxin-1A (257–288, M267A, C271A, I279A). Trotz fehlender Homodimerisierung der TMD ist Domänenbildung zu erkennen.*

3.4.2 Zusammenfassung und Ausblick

Fasst man die Ergebnisse zusammen, so konnte gezeigt werden, dass die Interaktion von PiP2 und Syntaxin-1A zur Ausbildung von Mikrodomänen in Membranen führt.[13] Die dadurch entstehende lokale Anreicherung von Syntaxin erleichtert die Bildung des SNARE-Komplexes und erhöht damit die Effizienz der Fusion.[69] Die PiP2-Domänen könnten durch die Veränderung der Membranumgebung einen energetischen Einfluss auf die Fusion haben.[18,204] Neben dieser Verbindung zur SNARE-induzierten Membranfusion können auch Rückschlüsse auf Protein-Lipid-Interaktionen im Allgemeinen gezogen werden. Es konnte gezeigt werden, dass die elektrostatischen Wechselwirkungen von Protein und Lipid ausreichen, um Membranlipide in Domänen anzuordnen.

Diese Ergebnisse stehen nicht im Widerspruch zu den Befunden, dass Syntaxin-1A und PiP2 von den sogenannten *lipid rafts* – cholesterolreiche Mikrodomänen in den Zellmembranen – ausgeschlossen werden.[67,70,202,205] Somit stellt die Anreicherung von Membranproteinen über die Ausbildung von Lipiddomänen einen neuen Mechanismus dar, wie Proteine lokal in der Membran angereichert werden können.

---

[13]Die hier gezeigten Daten stellen eine Auswahl dar und beschränken sich auf die Ergebnisse, die mit den synthetisierten Peptiden erhalten wurden. Alle weiteren Ergebnisse sind in einer zur Veröffentlichung eingereichten Publikation zusammengefasst (Siehe Publikationsliste am Anfang dieser Arbeit.)

Die Arbeiten an diesem Projekt werden im Rahmen der Bachelorarbeit von BARBARA HUBRICH fortgesetzt. Dabei werden weitere Transmembrandomänen untersucht, die auf eine Protein-Lipid-Interaktion hinweisen. Zum Beispiel besitzt die TMD von VAMP2 ebenfalls einen konservierten Bereich basischer Aminosäurereste. Obwohl dieses Protein in synaptischen Vesikeln lokalisiert ist, die kein PiP2 tragen, gibt es Hinweise, dass die Ladungsinteraktion eine wichtige Rolle in der Membranfusion spielt.[204]

4 Zusammenfassung

Membranfusion ist ein Schlüsselschritt in biologischen Systemen. Viele mechanistische Fragen sind trotz intensiver Forschung immer noch ungeklärt, sodass Modellsysteme entwickelt wurden, die bei einer Vereinfachung der komplexen Proteinmaschinerie *in vivo* eine Untersuchung der Vorgänge *in vitro* ermöglichen. Viele artifizielle Systeme wurden bereits vorgestellt, allerdings wurden die Transmembranhelices der SNARE-Proteine – eine hoch konservierte Proteinfamilie, die an vielen Fusionsprozessen in der Natur beteiligt ist – bisher noch nicht genutzt, um als Grundlage für ein Modellsystem zu dienen. Ziel dieser Arbeit war es, diese Transmembrandomänen mittels Peptid-Festphasensynthese (SPPS) herzustellen und mit einem Molekül zu versehen, das zur selektiven molekularen Erkennung befähigt. Des Weiteren konnten die Erfahrungen auf dem Gebiet der Synthese der hydrophoben Transmembrandomänen der SNARE-Proteine im Rahmen einer Kooperation genutzt werden, um Peptid-Lipidinteraktionen des Membran-ständigen Teils von Syntaxin-1A mit speziellen Phospholipiden zu untersuchen. Molekülinteraktionen, die in Lösung oder auf der Membranoberfläche stattfinden, sind experimentell schwierig aufzuklären. Die relativ neue Anwendung der Thermophorese für den Bindungsnachweis von Biomolekülen konnte hier auf Ereignisse an der Membranoberfläche übertragen und für den Nachweis der Vesikelaggregation genutzt werden.

Grundlage für diese Arbeit bildete der SNARE-Komplex der Neuroexozytose, der in der Neurotransmitterfreisetzung im synaptischen Spalt eine zentrale Rolle spielt.

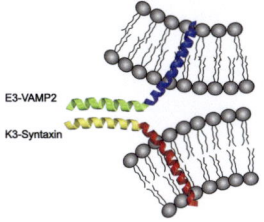

Abbildung 4.1: *Schema der synthetisierten Modellpeptide E3-VAMP2 und K3-Syntaxin bei der Wechselwirkung zur Einleitung der Membranfusion. Durch das Ausbilden des Coiled-Coils werden die zwei Membranen in räumliche Nähe gebracht und können in der Folge verschmelzen.*

Die Transmembrandomänen der Proteine Syntaxin-1A (AS 257–288) und VAMP2 (Synaptobrevin, AS 85–116) wurden mittels Fmoc-SPPS hergestellt. Als artifizielle Erkennungseinheit wurde ein kurzes *Coiled-Coil* aus den Peptiden E3 und K3 ausgewählt, das sich *N*-terminal an die Transmembranhelices anschließt. Abbildung 4.1 zeigt ein Schema das Modellsystems. Mittels *in vitro*-Fusionsexperimenten, wobei die Modellpeptide in die Membran von *small unilamellar vesicles* (SUVs) eingebracht wurden, konnte gezeigt werden, dass eine Membranfusion induziert wird. Dieser Fusionsprozess wurde durch eine spezifische Erkennung der beiden *Coiled-Coil*-Sequenzen eingeleitet und konnte in Kompetitionsexperimenten mit *Coiled-Coil*-Peptiden in Lösung inhibiert werden. Sowohl *Lipid Mixing* als auch *Content Mixing* konnten mittels Fluoreszenz-basierten Experimenten nachgewiesen werden, womit bestätigt wurde, dass die Modellpeptide eine vollständige Membranfusion einleiten.

Über Sequenzmodifikationen des sogenannten Linkers – der Bereich des Moleküls, der sich in der Kopfgruppenregion der Membran anordnet – und sich anschließende Fusionsexperimente konnte gezeigt werden, dass sich die Fusogenizität des Systems verändert. Eine generelle Aussage über den Einfluss der Aminosäuresequenz im Kopfgruppenbereich kann noch nicht getroffen werden. Die Länge der Linker der beiden Moleküle sollte jedoch gleich gewählt werden, da in Experimenten mit unterschiedlichen Linkerlängen eine reduzierte Fusogenizität beobachtet wurde.

Die optisch erzeugte Thermophorese (*micro scale thermophoresis*, MST) wurde als neue Methode zur Bestimmung von Bindungskonstanten von Biomolekülen vorgestellt. Im Rahmen dieser Arbeit konnte diese Methode für den Nachweis der Vesikelaggregation – des sogenannten Vesikel-*Dockens* – angewendet werden. Bei Experimenten mit Fluoreszenzfarbstoff-markierten Vesikeln wurde beobachtet, dass sich diese in Abhängigkeit vom Farbstoff und dessen Konzentration im MST-Experiment unterschiedlich verhal-

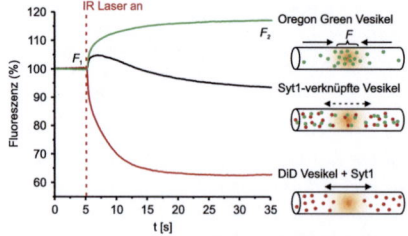

Abbildung 4.2: *MST-Messung zur Untersuchung des Vesikel-Dockens.*

ten (Abbildung 4.2). Im Experiment wurden die Vesikel-Populationen so hergestellt, dass eine positive und eine negative Thermophorese von den unterschiedlichen Populationen erhalten wurde. Beim Binden der einen an die andere Population wird das Thermophoreseverhalten verändert. Beobachtet man die Population mit negativer Thermophorese, kehrt sich diese durch Binden der Population mit positiver Thermophorese um. Durch die Verwendung des Proteins Synaptotagmin-1 und durch Sequenzmutationen konnte nachgewiesen werden, dass dieses Protein das Vesikel-*Docken* induziert.

Neben diesen Experimenten konnte auch die bekannte Calcium-Affinität von Synaptotagmin-1 mittels MST nachgewiesen werden. Bisher wurden solche Nachweise mit *isothermaler Titrationskalorimetrie* (ITC) durchgeführt, deren Nachteil in einem hohen Substanzbedarf liegt. Die MST erlaubte hier qualitative Aussagen mit Substanzmengen im nanomolaren Bereich.

In nachfolgenden Arbeiten muss der theoretische Hintergrund der beschriebenen Differenzen der Vesikel in der MST genauer untersucht werden. Erste Ansätze lieferten Fluoreszenz-Experimente, mit denen das unterschiedliche Verhalten in Abhängigkeit der Temperatur nachempfunden werden konnte.

Die Peptidsynthese von Transmembrandomänen von Syntaxin-1A ermöglichte einen einfachen Zugang zu Sequenzmodifikationen des polybasischen Bereichs im sogenannten Linker des Proteins. Modifikationen dieser Peptide mit Fluoreszenz-Farbstoffen konnten leicht an fester Phase durchgeführt werden.

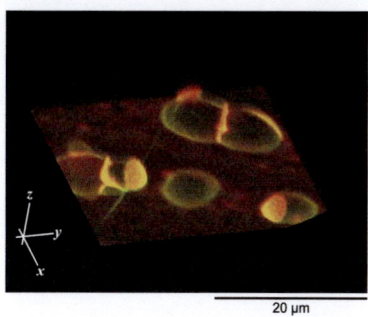

20 µm

Abbildung 4.3: *3D-Rekonstruktion einer Konfokalmikroskopie-Aufnahme von GUVs. Domänen aus PiP2 und der TMD von Syntaxin-1A sind deutlich in orange zu erkennen.*

Untersuchungen dieser Derivate im Hinblick auf Peptid-Lipid-Interaktionen mit Phosphatidylinositol-4,5-bisphosphat (PiP2) zeigten, dass die Ansammlung der positiven Ladung im Linker für die Ausbildung von Domänen aus PiP2 und Syntaxin verantwortlich ist. (Abbildung 4.3) Diese Ergebnisse stellen einen neuen Mechanismus dar, wie Membranproteine lokal in der Membran angereichert werden können.

5 Summary

Membrane fusion is a central process in biological systems. Despite intensive research on this field many mechanistical questions remain unanswered. Therefore, model systems have been developed allowing *in vitro* investigation of the complex *in vivo* processes with reduced complexity. Many artificial systems were introduced, but none of this systems made use of the transmembrane helices of SNARE-proteins – a highly conserved protein family involved in many fusion processes in nature – as a scaffold for a model system. One aim of the present work was to synthesize these transmembrane domains via peptide solid phase synthesis (SPPS) and to link it with a system capable of specific molecular recognition. The experiences in the synthesis of hydrophobic transmembrane peptides of SNARE-proteins were used in a collaboration to investigate peptide-lipid interactions of membrane-spanning syntaxin-1A with special phospholipids. Molecular interactions occuring in solution or on a membrane surface are experimentally difficult to observe. Here, the relatively new method *micro scale thermophoresis* (MST) was successfully transferred to follow binding events on membrane surfaces and for the analysis of docked vesicles.

The model system invented in this work is based on the neuronal SNARE-complex of exocytosis, which plays a central role in neurotransmitter release into the synaptic cleft. The transmembrane domains of the proteins syntaxin-1A (AA257–288) and VAMP2 (synaptobrevin, AA 85–116) were synthesized using Fmoc-SPPS. A short *coiled-coil* of peptides E3 and K3 was chosen as an artificial recognition unit linked *N*-terminally to the transmembrane helices (5.1).

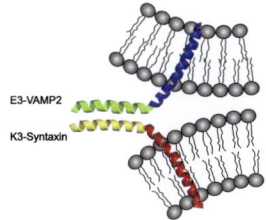

Figure 5.1: *Scheme of the synthesized modell peptides E3-VAMP2 and K3-syntaxin while interacting to induce membrane fusion. Formation of a coiled-coil brings two membranes into close proximity allowing them to merge.*

In vitro fusion essays with peptides embedded into *small unilamellar vesicles* (SUVs) indicated membrane fusion mediated by these model peptides. The fusion process was induced by the specific *coiled-coil* recognition and was inhibited by coiled-coil peptides in the surrounding solution. Both, *lipid* and *content mixing* were proven by fluorescence-based essays indicating full membrane fusion induced by the model system.

Modifications of the linker – the region of the peptide linking the respective transmebrane domain with the recognition unit – and fusion experiments demonstrated influences on the fusogenicity of the system. For a general conclusion concerning the influence of the linker sequence further investigations need to be performed. However, the length of both linkers should be chosen eqally as differences in these lengths showed a reduced fusogenicity.

Micro scale thermophoresis was introduced as a new technique to determine binding constants of biomolecules. In the present work, this method was modified to investigate the aggregation of vesicles; the so called vesicle *docking*. Experiments revealed that vesicles show a different behavior in MST dependent on their fluorescence dye and its concentration in the membrane (Figure 5.2). The vesicles were prepared obtaining one population with positive and one population with negative thermophoresis. Binding of one population to the other results in a change of thermophresis. Experiments with synaptotagmin-1 and sequence modifications of this protein demonstrated that this protein induces vesicle *docking*. Next to this experiments, the calcium affinity of synaptotagmin-1 was proven using MST. So far *isothermal titration calorimetry* (ITC) was used for this analysis. While this method requires a high amount of substances, MST allows for a quantitative conclusion with solutions in the nanomolar regime.

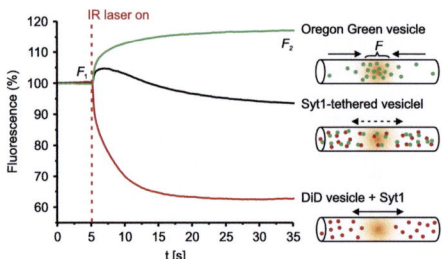

Figure 5.2: *MST-experiment investigating vesicle docking.*

Further investigations should focus on the theoretical background of the thermophoretic behavior of the vesicles. Fluorescence experiments with this labeled vesicle population were used to emphasize the different themophoresis characteristics.

Peptide synthesis of transmembrane domains of syntaxin-1A provided easy access to sequence modifactions in the polybasic region of the linker motif. Furthermore, modification of these peptides with fluorescence dye were easy to perform on solid support. Investigations of these derivatives with respect to peptide-lipid interactions with posphatidylinositol-4,6-bisphosphate (PiP2) showed that the accumulation of positive charges in the linker is responsible for domain formation consisting of PiP2 and syntaxin-1A. This is a new mechanism of membrane protein sequestering in the membrane (Figure 5.3).

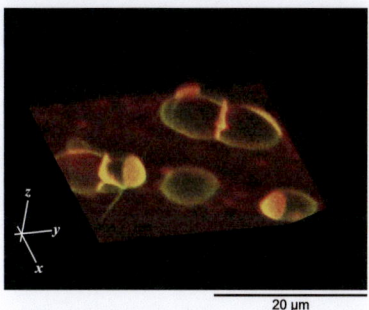

20 μm

Figure 5.3: *3D-reconstruction from confocal microscopy of GUV. Domains of PiP2 and syntaxin-1A are clearly visible in orange.*

6 Experimenteller Teil

6.1 Präparative Arbeitstechniken

- *Reagenzien*

  Die verwendeten Reagenzien wurden von den Firmen *Fluka*, *Sigma-Aldrich*, *Acros*, *Invitrogen*, *Atto-Tec*, *Roth* und *Merck* bezogen. Aminosäurederivate stammten von *Novabiochem*, *Bachem* sowie *GL Biochem*.

- *Lösungsmittel*

  Die verwendeten technischen Lösungsmittel wurden vor Gebrauch destilliert. Wasserfreies Dimethylformamid wurde in der Qualität *sure sealed* von der Firma *Fluka* bezogen. NMP wurde in der Reinheit ≥98% für die Peptidsynthese von *Carl Roth* bezogen.

- *Reaktionen*

  Für Reaktionen unter Feuchtigkeits- und Sauerstoffausschluss dienten Stickstoff oder Argon (je 99.996 %) als Inertgas, die durch einen Trockenturm, beladen mit P_2O_5/Bimsstein, weiter getrocknet wurden. Die benötigten Glasgeräte wurden ausgeheizt, im Hochvakuum abgekühlt und mit Inertgas beschickt. Manuelle Festphasensynthesen wurden in kleinen Flash-Chromatographiesäulen durchgeführt, die für die Kupplungsphasen mit Hilfe eines Rotationsverdampfers gerührt wurden. Die Kupplungsphasen konnten so bei RT oder bei 50 °C in einem Trockenschrank durchgeführt werden.

- *Chromatographie*

  - *Dünnschichtchromatographie*

    Es wurden Dünnschichtfertigplatten der Firma *Merck* (Kieselgel 60 F_{254}) verwendet. Die Substanzen wurden durch Fluoreszenzlöschung bei 254 nm oder 366 nm sowie Tauchfärbung mit Ninhydrinlösung (3 % in EtOH) nachgewiesen.

  - *Flash-Säulenchromatographie*

    Als Säulenmaterial diente Kieselgel 60 der Firma *Merck* mit einer Korngröße von 40–62 μm. Die Säulen wurden mit 50–200fachem Überschuss an Kieselgel befüllt und als konzentrierte Lösung im entsprechenden Laufmittel aufgetragen.

  - *Reverse-Phase-Chromatographie (RP)*

Für die RP-Chromatographie wurde RP-Kieselgel der Firma *YMC* (ODS-A, AA06S50, 60 Å, S-50 µm, C-18) verwendet. Die Substanz wurde gelöst in Wasser auf die auf Wasser eingestellte Säule gegeben. Der Methanolgehalt wurde langsam bis zur Detektion der Substanz erhöht.

– *Hochleistungsflüssigkeitschromatographie (HPLC)*
Analytische HPLC wurde an Geräten der Firma *Pharmacia* (Äkta basic, Hochdruckpumpenmodul 900, UV-Detektor 900) durchgeführt. Dabei wurden die folgenden Säulen zur Oligomeranalytik verwendet:

* *YMC* J'sphere ODS-A (250×4.6 mm, 4 µm, C-18)

* *YMC* J'sphere ODS-AM (250×4.6 mm, 5 µm, C-18)

* *Jasco* Reprosil Pur 300 (250×4.0 mm, 5 µm, C-4)

• *Lyophilisieren*
Die wässrigen Lösungen wurden in einem Kolben mit flüssigem Stickstoff eingefroren und an einem *Christ*-Alpha-2-4-Lyophilisator gefriergetrocknet. In gleicher Weise wurde der Inhalt von *Eppendorf*-Röhrchen in einer Vakuumzentrifuge RVC 2-18 der Firma *Christ* lyophilisiert.

6.2 Charakterisierung

• *Massenspektrometrie (MS)*
Die ESI-Massenspektren entstanden an einem Gerät der Firma *Finnigan* (LQC oder TSQ 7000). Hochaufgelöste Messenspektren (HR-MS) wurden an einem Gerät der Firma *Bruker* (APEX-Q IV 7T) aufgenommen.

• *Kernspinresonanzspektroskopie (NMR)*
Die NMR-Spektren wurden an Spektrometern der Firma *Varian* (Mercury 200, Unity 300, NOVA-500) aufgenommen. Die Probentemperatur betrug bei $CDCl_3$-Lösungen 300 K, bei [D_6]DMSO 308 K. Die chemischen Verschiebungen sind in Einheiten der δ-Skala notiert. Als interner Standard dienten die Resonanzen der Restprotonen der verwendeten deuterierten Lösungsmittel: $CDCl_3$ 7.24 ppm (^{1}H-NMR), [D_6]DMSO 2.49 ppm (^{1}H-NMR), CD_3OD 3.34 ppm (^{1}H-NMR), D_2O 4.77 ppm (^{1}H-NMR). Die Signale wurden durch die Abkürzungen s =

Singulett, d = Dublett, t = Triplett, q = Quartett und m = Multiplett charakterisiert. Kupplungskonstanten ^nJ sind in Hertz (Hz) angegeben, wobei n die Anzahl der Bindungen angibt.

- *Optische Drehungen*
  Die optische Aktivität wurde mit einem Gerät der Firma *Perkin-Elmer* gemessen, wobei der Drehwert über 15 Messungen gemittelt wurde. Der spezifische Drehwert errechnet sich nach folgender Formel:

$$[\alpha]_D^{20} = \frac{\alpha \cdot 100}{c \cdot l}$$

Dabei sind α der gemessene Drehwert bei 20 °C und der Wellenlänge 589 nm (Natrium-D-Linie), c in [g/100 mL] und l die Küvettenlänge in [dm].

- *UV Messungen*
  Konzentrationen von Peptidlösungen wurden mit Hilfe eines *NanoDrop 2000c* der Firma *ThermoScientific* bestimmt. Die Berechnung der Konzentration erfolgte über das LAMBERT-BEER'sche-Gesetz mittels der Absorption bei 280 nm, wobei sich der Extinktionskoeffizient aus der Summe der Extinktionskoeffizienten ϵ der Aminosäuren ergab.[206]

$$\text{Tryptophan-}\epsilon_{280} = 5690\,cm^{-1}M^{-1}$$
$$\text{Tyrosin-}\epsilon_{280} = 1280\,cm^{-1}M^{-1}$$
$$\text{Cystein-}\epsilon_{280} = 120\,cm^{-1}M^{-1}$$

Die Konzentration wurde mittels folgender Gleichung berechnet:

$$c = \frac{A}{\epsilon d}$$

mit A=Absorption bei 280 nm und E=Summe der Extinktionskoeffizienten [$cm^{-1}M^{-1}$] und d= Pfadlänge [cm].

6.3 Allgemeine Arbeitsvorschiften

6.3.1 AAV1: manuelle SPPS

Die manuelle Peptidsynthese erfolgte mittels Mikrowellen-unterstützter Festphasensynthese in einem *DiscoverSPS* Mikrowellen-Synthesizer (*CEM*, Kamp-Lintfort, Deutschland) auf verschiedenen vorbelegten Harzen. Das Harz wurde in eine Discardit™II-Spritze (*Becton Dickinson*, Heidelberg, Deutschland) mit Polyethylen-Fritte eingebracht und in ca. 5 mL NMP für 1 Stunden quellen gelassen.

Zur Oligomerisierung wurden folgende Schritte ausgeführt:

1. *Entschützen:* Die Fmoc-Schutzgruppe wurde durch Behandeln mit Piperidin (1 mL, 20 % in NMP) und Mikrowellen-Unterstützung (1.: 30 s, 75 °C, 35 W, 2.: 180 s, 75 °C, 35 W) entfernt. Anschließend wurde mit NMP (3 × 2 mL) gewaschen.

2. *Kuppeln:* Die jeweiligen Aminosäuren wurden mit Aktivator (HOBt/ HBTU 0.5 M in NMP, 240 µL) und Base (DIPEA, 2 M in NMP, 120 µL) versetzt und zum Harz gegeben. Die Kupplung erfolgte unter Mikrowellen-Unterstützung (300 s, 75 °C, 25 W). Nach erfolgter Kupplung wurde mit NMP (3 × 2 mL) gewaschen.

3. *Capping:* Es wurde Essigsäureanhydrid (1 mL, 20 % in NMP) zum Harz gegeben und unter Mikrowellen-Unterstützung (120 s, 65 °C, 35 W) zu gegebenenfalls vorhandenen primären Aminen gekuppelt. Anschließend wurde mit NMP (3 × 2 mL) gewaschen.

Nach erfolgter Kupplung der letzten Aminosäure wurde die *N*-terminale Fmoc-Schutzgruppe gemäß Schritt 1 entfernt, das Harz gewaschen (NMP [3 × 2 mL], DCM [3 × 2 mL]) und im Vakuum getrocknet. Die Abspaltung vom Harz erfolgte in einer an die Aminosäuresequenz angepassten Abspaltlösung (siehe AAV3) unter ständigem Schütteln (2.5 h). Anschließend wurde die Abspaltlösung aufgefangen und das Harz mit wenig TFA gespült. Das Peptid wurde mit kaltem Diethylether (5 mL) gefällt und zentrifugiert (9000 U/Min., 0 °C). Der Überstand wurde verworfen und diese Prozedur dreimal wiederholt. Das Rohprodukt wurde nach Trocknung im Vakuum erhalten.

6.3.2   AAV2: automatisierte SSPS

Die Synthese der Peptide wurde mit Hilfe eines automatisierten Mikrowellen-unterstützten Peptidsynthesizers (CEM Discover™mit CEM Liberty™, Kamp-Lintfort, Deutschland) durchgeführt. Die eingesetzte Mikrowellenenergie wurde dabei über die Temperatur im Reaktionsgefäß gesteuert. Sofern nicht anders angegeben wurden Standardreagenzien und Protokolle für die einzelnen Kupplungen verwendet. Als Lösungsmittel diente NMP. Zur Abspaltung der Fmoc-Schutzgruppe wurde Piperidin (20% in NMP, 2 × 2.5 mL 1.: 75 °C, 30 s, 25 W, 2.: 75 °C 180 s, 25 W) verwendet. Fmoc-Aminosäuren wurden als 0.2 M Lösungen in NMP eingesetzt. Die Kupplungen erfolgten unter Aktivierung mit HBTU/HOBt (0.5 M/0.45 M in DMF) und DIPEA (2 M, in NMP) und Mikrowellen-Unterstützung (75 °C, 300 s, 25 W). Sofern angegeben wurden Kupplungen doppelt ausgeführt und gegebenenfalls nach einer Kupplung ein *Capping* mit Essigsäureanhydrid (Ac$_2$O/DIPEA/HOBt, 10%, 5%, 0.1% in NMP, 2.5 mL 75 °C, 180 s, 25 W) durchgeführt. Folgende Aminosäurebausteine wurden unter speziellen Bedingungen gekuppelt:

- Fmoc-Cys(Trt)-OH - 50 °C maximale Temperatur für alle Schritte

- Fmoc-Arg(Pbf)-OH - jede Kupplungen 1.: 600 s, 0 W, 2.: 75 °C, 300 s, 25 W

Sofern nicht anders beschrieben, erfolgte die Synthese an Fmoc-Xxx-Wang-Harz in einem 0.1 mmol-Ansatz. Folgende Monomerbausteine wurden für die Synthesen verwendet:

- Fmoc-Ala-OH (A)
- Fmoc-Arg(Pbf)-OH (T)
- Fmoc-Cys(Trt)-OH (C)
- Fmoc-Gln(Trt)-OH (Q)
- Fmoc-Glu(O*t*Bu)-OH (E)
- Fmoc-Gly-OH (G)
- Fmoc-Ile-OH (I)
- Fmoc-Leu-OH (L)

- Fmoc-Lys(Boc)-OH (K)
- Fmoc-Met-OH (M)
- Fmoc-Phe-OH (F)
- Fmoc-Ser(*t*Bu)-OH (S)
- Fmoc-Thr(*t*Bu)-OH (T)
- Fmoc-Trp(Boc)-OH (W)
- Fmoc-Tyr(*t*Bu)-OH (Y)
- Fmoc-Val-OH (V)

Nach der Synthese wurde das Harz in eine Discardit™II-Spritze mit Polyethylene-Fritte überführt, gewaschen (3 × NMP, 3 × DCM, 3 × Methanol, 3 × DCM) und im Vakuum getrocknet. Die Abspaltung erfolgte mittels einer an die Peptidsequenz angepassten Lösung (siehe 6.3.3). Anschließend wurde das Harz von der Lösung abgetrennt und mit wenig TFA gespült. Das Peptid wurde mittels kaltem *tert.*-Butylmethylether (ca 10 mL) gefällt. Die Suspension wurde zentrifugiert (10 Min., 9000 U/Min.) und anschließend der Überstand verworfen. Diese Prozedur wurde dreimal wiederholt und das Rohpeptid nach Trocknung im Vakuum erhalten.

6.3.3 AAV3: Abspalten vom Harz

Die Abspaltlösung, die verwendet wurde um die Peptide vom Trägermaterial abzuspalten, wurde an die jeweilige Peptidsequenz angepasst. Es wurden 10 mL/g Harz für jede Abspaltung frisch vorbereitet. Sofern das Peptid Cystein oder Methionin enthielt, wurde mit TFA/EDT/TIS/Wasser (94:2.5/2.5/1) abgespalten. Sofern kein Cystein und/oder Methionin in der Sequenz vorhanden war, wurde mittels TFA/TIS/Wasser (95:2.5:2.5) verwendet.

6.3.4 AAV4: Synthese von β-Peptiden

Die manuelle Festphasensynthese nach MERRIFIELD wurde an Boc-β-Ala-MBHA-Harz durchgeführt Es wurden 20 µmol Ansätze synthetisiert. Das Harz wurde in 2 mL DCM suspendiert und 1 Stunden geschüttelt. Nach Filtration wurden freie Aminogruppen durch 2 × 5 min Behandlung des Harzes mit 2 mL DMF/Ac$_2$O/DIPEA (8:1:1) acetyliert. Anschließend wurde das Harz mit DMF/DCM 1:1 (3 ×2 mL; 2 × 2 min, 2 mL) gewaschen. Die Kupplung der ersten Aminosäure wurde durchgeführt wie unten beschrieben, wobei mit Punkt 3 begonnen wurde. Grundsätzlich erfolgte die Oligomerisierung nach folgendem Schema:

1. Das Harz wurde mit TFA/*m*-Kresol (95:5) (3×2 mL; 2×5 Minuten, 2 mL) zur Reaktion gebracht und anschließend mit DMF/DCM 1:1 (3×2 mL; 2×2 Minuten, 2 mL) gewaschen.

2. Das Harz wurde mit Pyridin (5 × 2 mL) gespült.

3. Eine Lösung der *N*-Boc-β-Aminosäure (5.0 Äq), HATU (4.5 Äq) und HOAt (5 Äq) in 500 µL DMF wurde mit DIPEA (14 Äq) versetzt. Die

Lösung wurde zum Harz gegeben und die Suspension 2 Stunden bei 50 °C geschüttelt.

4. Das Harz wurde nacheinander mit DMF/DCM 1:1 (3 × 2 mL), DMF/Piperidin (95:5) (3 × 2 mL) und DMF/DCM 1:1 (3 × 2 mL) gewaschen.

5. Das Harz wurde mit 2 mL DMF/Ac$_2$O/DIPEA (8:1:1) acetyliert. Anschließend wurde das Harz mit DMF/DCM 1:1 (3 × 2 mL; 2 × 2 Minuten, 2 mL) gewaschen.

Nach dem Kuppeln der letzten β-Aminosäure wurde das Harz mit DMF/DCM 1:1 (3×2 mL; 2×2 Minuten, 2 mL) gewaschen, mit TFA/*m*-Kresol (95:5) (3×2 mL; 2×5 Minuten, 2 mL) zur Reaktion gebracht und mit DMF/DCM 1:1 (3×2 mL; 2×2 Minuten, 2 mL) gespült. Anschließend wurde mit DCM (5 × 2 mL) gewaschen und 5 Minuten im Stickstoffstrom getrocknet. Bis zur Abspaltung der Peptide wurde das Harz im Exsikkator aufbewahrt.

Für die Abspaltung des Peptids vom Harz wurden zunächst Thioanisol (200 µL), EDT (100 µL), *m*-Kresol (200 µL) und TFA)2 mL) zum Harz gegeben und auf −15 °C gekühlt. Anschließend wurde TFMSA (200 µL) unter Rühren hinzugetropft und 1 h bei 0 °C und 2 h bei Raumtemperatur gerührt. Anschließend wurde die Lösung abfiltriert, das Harz mit TFA gewaschen (2 × 1 mL) und die Lösung in einem Stickstoffstrom eingeengt. Das Peptid wurde mit kaltem Diethylether (5 mL) gefällt und zentrifugiert (9000 U/Minuten). Der Überstand wurde verworfen und diese Prozedur dreimal wiederholt. Das Rohprodukt wurde nach Trocknung im Vakuum erhalten. Chromatographische Trennung erfolgte mittels RP-HPLC.

6.3.5 AAV5: Herstellung von Vesikeln

Sofern nicht anders erwähnt, wurden alle in dieser Arbeit aufgeführten Messungen in einem HEPES-Puffer (HP150) der folgenden Zusammensetzung durchgeführt, wobei zur Herstellung doppelt demineralisiertes Wasser (MilliQ) verwendet wurde:

HEPES	20 mM
KCl	150 mM
pH	7.4

Alle Lipidmischungen wurden aus natürlichen Lipiden der Firma *Avanti Polar Lipids* (Alabaster, USA) hergestellt. Für die Herstellung der Vesikel wurden zwei verschiedene literaturbekannte Techniken verwendet.[134,170]

AAV 5a: Vesikelherstellung mittels Größenausschluss-Chromatographie
Die in Chloroform gelösten Lipide und gegebenenfalls die Fluoreszenz-Farbstoffe wurden vermischt und das Lösungsmittel unter vermindertem Druck entfernt. Anschließend wurde der Lipidfilm in HP150 mit 5 % (w/v) Natriumcholat suspendiert, sodass eine Lipidkonzentration von 10 mM erhalten wurde. Bis zur Verwendung wurde die Lipid-Mizellen-Mischung bei −80 °C gelagert. Die Peptide, gelöst in HP150 mit 2 % (w/v) CHAPS, wurden zu den Lipid-Mizellen hinzugegeben und die Mischung über eine *Econo*-Säule der Firma *Bio-Rad* (München, Deutschland) beladen mit in Puffer equilibriertem Sepahdex G50 (*GE Healthcare*, Buckinghamshire, GB) vom Detergenz abgetrennt. Im Falle von Fluoreszenz-markierten Vesikeln konnte die entsprechende Fraktion über die Farbe abgetrennt werden. Im Falle von nicht-markierten Vesikeln, wurde die UV-Absorption der einzelnen Fraktionen mittels eines *NanoDrop*-UV-Spektrophotometers überprüft. Eine exemplarische Größenüberprüfung der erhaltenen Vesikel mittels DLS und Elektronen Mikroskopie (EM) bestätigte, dass es sich um *small unilammelar vesicles* (SUV) handelte. Der Einbau der Proteine wurde durch Flotation in einem Nycodenz-Stufengradienten überprüft. Dazu wurden 50 µL Liposomen mit 50 µL 80 % Nycodenz vermischt und anschließend mit 50 µL 30 % (w/c) Nycodenz und 50 µL Puffer überschichtet. Es wurde 90 Minuten bei 165.000 × g zentrifugiert und die Liposomen von den oberen 60 µL des Gradienten abgenommen.[170] Die Überprüfung der Lösungen mittels SDS-PAGE zeigte exemplarisch für K3-VAMP2 und E3-Syntaxin sowie für die Transmembrandomäne von Syntaxin einen Einbau in die Vesikel an.
Für die Herstellung von Calcein-haltigen Vesikeln wurde der Farbstoff in einer Konzentration von 40 µM zur oben beschriebenen Lipid-Mizellen-Mischung gegeben und anschließend der Größenausschluss-Chromatographie unterworfen, wobei das Säulenmaterial unmittelbar vor der Lipidzugabe mit einer 40 µM Lösung von Calcein in demineralisiertem Wasser preäquilibriert wurde.

AAV 5b: Vesikelherstellung mittels Extrusion
Die in Chloroform gelösten Lipide und gegebenenfalls die Fluoreszenz-Farbstoffe und das Peptid gelöst in TFE wurden hinzugegeben und vermischt. Anschließend wurde das Lösungsmittel unter vermindertem Druck bei ca. 40 °C entfernt. Der Lipidfilm wurde in HP150 resuspendiert

(1 Stunde Schütteln, 30 Minuten Ultraschallbad) und die milchige Suspension durch Polycarbonatmembranen (100 nm Durchmesser, *Wahtman*, Maidstone, Großbritannien) in einem *Liposofast* Miniextruder der Firma *Avestin* (Ottawa, Kanada) 31mal extrudiert. Exemplarische Größenüberprüfung der erhaltenen Vesikel mittels DLS und Elektronen Mikroskopie (EM) bestätigte, dass es sich um *large unilammelar vesicles* (LUV) handelte.

Für die Herstellung von Sulforhomain B-haltigen Vesikeln für *Content Mixing*-Experimente wurde der Farbstoff in einer Konzentration von 20 mM in HP150 Puffer gelöst und der Lipidfilm mit diesem rehydriert. Nach der Extrusion wurde der Überschuss an Farbstoff entfernt, indem die Vesikel-Lösung über eine *Econo*-Säule mit Puffer equilibriertem Sepahdex G50 eluiert wurde. Nach der Herstellung wurden die Populationen bei 0 °C auf Eis gelagert, Messungen erfolgten bei 25 °C.

6.4 Fluoreszenz-Anisotropie-Messungen

Fluoreszenz-Anisotropie-Messungen wurden mit Hilfe eines FluoroLog® Spectrofluorometers der Firma *HORIBA Jobin Yvon* (Unterhaching, Deutschland) durchgeführt. Es wurden *Hellma* Fluoreszenzküvetten (Mülheim, Deutschland) bei einem Gesamtvolumen von 1.2 mL verwendet, wobei die Durchmischung mit einem Magnetrührer sichergestellt wurde. Es wurden 80 µM des Fluoreszenz-markierten Peptids vorgelegt und zunächst der *G*-Faktor bestimmt, wie in Kapitel 2.5.3 beschrieben. Anschließend wurde die Polarisator-Einstellung geändert und die Anisotropie für das freie Peptid über ca. 100 Sekunden gemessen. Die Volumen der Vesikel-Lösungen wurden so hinzugegeben, dass die Peptide in einem Verhältnis von 1:1 vorlagen.

6.5 *Lipid Mixing*-Experimente

Die *Lipid-Mixing* Experimente wurden an einem FluoroLog® oder FluoroMax® Spectrofluorometer der Firma *HORIBA Jobin Yvon* (Unterhaching, Deutschland) durchgeführt. Es wurden *Hellma* Fluoreszenzküvetten (Mülheim, Deutschland) bei einem Gesamtvolumen von 1.2 mL verwendet, wobei die Durchmischung mit einem Magnetrührer sichergestellt wurde. Als Pufferlösung wurde jeweils derselbe Puffer eingesetzt, der auch zur Vesikel-Herstellung diente. Am Fluorometer wurden für die Farbstoffe DiD und OG-DHPE die folgenden Einstellungen verwendet:

	Wellenlänge [nm]	Spalt [nm]
Anregung	496 (OG-DHPE)	1
Emission	524 (OG-DHPE, Donor)	5
	670 (DiD, Akzeptor)	5

Die Population mit dem Donorfluorophor wurde vorgelegt (ca. 100 nM Gesamtlipid und das Experiment mit der Zugabe der Population mit Akzeptorfluorophor gestartet (ca. 100 nM Gesamtlipid). Es wurde die Änderung der Fluoreszenzsignale von Donor und Akzeptor über 30 Minuten verfolgt. Die Auftragungen der *Lipid Mixing*-Experimente stellen die Änderung der Akzeptorfluoreszenz dar ($\frac{F}{F_0}$).

6.6 *Content Mixing*-Experimente

Calcein

Die *Lipid-Mixing* Experimente wurde an einem FluoroLog® Spectrofluorometer der Firma *HORIBA Jobin Yvon* (Unterhaching, Germany) durchgeführt. Es wurden *Hellma* Fluoreszenzküvetten (Mülheim, Deutschland) bei einem Gesamtvolumen von 1.2 mL verwendet, wobei die Durchmischung mit einem Magnetrührer sichergestellt wurde. Als Pufferlösung wurde jeweils derselbe Puffer eingesetzt, der auch zur Vesikel-Herstellung diente. Am Fluorometer wurde für Calcein die folgenden Einstellungen verwendet:

	Wellenlänge [nm]	Spalt [nm]
Anregung	495	1
Emission	515	5

Die Calcein-Vesikel wurden zum Puffer gegeben (ca. 40 µM Gesamtlipid) und das Experiment mit der Zugabe der unmarkierten Population gestartet (ca. 120 µM Gesamtlipid). Am Ende einer Messung wurden Triton X-100 hinzugegeben (0.1 % in Küvette) und die Rohdaten folgender Formel entsprechend normiert:

$$F(\%) = 100 \frac{F_t - F_0}{F_{total} - F_0} \, ,$$

wobei F_0 der SRB-Fluoreszenz bei $t = 0$ entspricht und F_{total} der Calcein-Fluoreszenz nach Triton X-100-Zugabe.

Sulforhodamin B

Die *Lipid Mixing*-Experimente wurden an einem FluoroMax®Spectrofluoro-meter der Firma *HORIBA Jobin Yvon* (Unterhaching, Deutschland) durch-geführt. Dabei wurde ein Küvettenwechsler mit vier Positionen verwen-det. Es wurden *Hellma* Fluoreszenzküvetten (Mülheim, Deutschland) bei einem Gesamtvolumen von 1.2 mL verwendet, wobei die Durchmischung mit einem Magnetrührer sichergestellt wurde. Als Pufferlösung wurde je-weils derselbe Puffer eingesetzt, der auch zur Vesikel-Herstellung diente. Am Fluorometer wurde für Sulforhodamin B die folgenden Einstellungen verwendet:

	Wellenlänge [nm]	Spalt [nm]
Anregung	490	1
Emission	567	5

Die Sulforhodamin-Vesikel wurden zum Puffer gegeben (ca. 40 μMLipid) und das Experiment mit der Zugabe der unmarkierten Population gestar-tet (ca. 120 μM Gesamtlipid). Am Ende einer Messung wurden Triton X-100 hinzugegeben (0.1 % in Küvette) und die Rohdaten folgender Formel entsprechend normiert.

$$F(\%) = 100 \, \frac{F_t - F_0}{F_{total} - F_0} \, ,$$

wobei F_0 der SRB-Fluoreszenz bei $t = 0$ entspricht und F_{total} der SRB-Fluoreszenz nach Triton X-100-Zugabe.

6.6.1 Thermophorese

Die Thermophorese-Experimente wurden in einem NT.015 der Firma *NanoTemper Technologies* (München, Deutschland) durchgeführt. Grund-sätzlich wurden Standardkapillaren verwendet. Bei den Synaptotagmin-Experimenten wurden jedoch Interaktionen mit der Glasoberfläche beob-achtet, sodass hier Kapillaren verwendet wurden, die hydrophob an der Oberfläche beschichtet wurden. Es wurden Verdünnungsreihen mit den in den einzelnen Experimenten beschriebenen Konzentrationen angefertigt oder einzelne Kapillaren mit konstanten Konzentrationen für die Vesikel-*Docking*-Experimente vermessen.

6.7 Synthesen

6.7.1 *Click*-Reaktion an fester Phase

Die Transmembrandomäne von VAMP2 (85-116) wurde unter Standard-Fmoc-Bedingungen mittels automatisierter MW-SPPS (AAV2, Kapitel 6.3.2) hergestellt und anschließend in einer manuellen Kupplung mit dem Fmoc-Serin(Propargyl)-OH Baustein funktionalisiert. Nach dem Entfernen der Fmoc-Schutzgruppe wurde eine Testabspaltung des Peptids vom Harz (gemäß AAV3, Kapitel 6.3.3) durchgeführt und die erfolgreiche Synthese mittels ESI-MS bestätigt. Anschließend wurde das Harz (ca. 5.00 mg) in DMF (500 µL, trocken, entgast) suspendiert. Unter Argonatmosphäre wurden Spuren von Fmoc-Ornithin(Azid)-OH, TBTA, CuI-P(OEt)$_3$ und Lutidin zugesetzt und vier Tage geschüttelt. Das Harz wurde in eine Spritze mit Fritte überführt, mit DMF und DCM (je 3 × 3 mL) gewaschen und im Vakuum getrocknet. Die Abspaltung erfolgte gemäß AAV3 (Kapitel 6.3.3).

Analytische Daten:
ESI-MS, m/z (%): 878.91 (100) $[M+5H]^{5+}$, 1098.38 (37) $[M+4H]^{4+}$
972.08 (74) $[M_{Edukt}+4H]^{4+}$
HR-MS: ber. $[M+4H]^{4+}$ 1097.87186, gef. 1097.87107

6.7.2 Synthese von (*S*)-β-(*tert.*--Butoxycarbonylamino)-γ-(8-brom-guanin-9-yl)butansäure (2)

1
$C_{14}H_{20}N_6O_5$
[352.35]

2
$C_{14}H_{19}BrN_6O_5$
[431.24]

Verbindung **1** (160 mg, 454 µmol, 1.00 Äq) wurde in Acetonitril/Wasser (15 mL, 4:1) gelöst, auf 0 °C gekühlt und NBS (129 mg, 726 µmol, 1.60 Äq) hinzugegeben. Es wurde zwei Stunden gerührt und dabei auf RT aufgewärmt. Das Lösungsmittel wurde im Vakuum entfernt. Die Reaktionsmischung wurde mit Aceton gewaschen und das Produkt 2 (134 mg, 311 µmol, 68 %) als orangefarbener Feststoff erhalten.

Analytische Daten:

^{1}H-NMR (300 MHz, [D_6]DMSO): δ = 1.14 [s, br., 1.5 H, *t*Bu-Rotamer], 1.26 [s, br., 7.5 H, *t*Bu], 2.44–2.52 [m, 2 H, C(α)-H], 3.88–4.00 [m, 1 H, C(β)-H], 4.18–4.27 [m, 2 H, C(γ)-H], 6.43 (s, br., 2 H, N′H$_2$), 6.70 (d, $^3J_{HH}$ = 8.7 Hz, 1 H, NH), 10.59 (s, 1 H, N′H) ppm.

^{13}C-NMR (125 MHz, [D_6]DMSO): δ = 28.0 [C(CH$_3$)$_3$], 36.3 [C(α)], 46.8 [C(γ)], 47.2 [C(β)], 77.7 [C(CH$_3$)$_3$], 116.8 [C(5)], 121.0 [C(8)], 152.7 [C(4)], 171.7 [COOH] ppm.

MS (ESI): m/z = 429.0 [M-H]$^-$, 453.1 [M+Na]$^+$.

HR-MS: ber. [M+H]$^+$ 453.0493 gef. 453.0485

6.7.3 Synthese von (S)-β-(tert.-Butoxycarbonylamino)-γ-(8-vinyl-guanin-9-yl)butansäure (3)

2
$C_{14}H_{19}BrN_6O_5$
[431.24]

3
$C_{16}H_{22}N_6O_5$
[378.38]

Verbindung **2** (134 mg, 310 μmol, 1.00 Äq), Pd(PPh$_3$)$_3$ (35.9 mg, 31.0 μmol, 0.05 Äq) und Tributylvinylstannan (147 mg, 465 μmol, 1.5 Äq) wurden 1.5 Stunden bei 120 °C unter Stickstoffatmosphäre bis zur Schwarzfär-bung in NMP (5 mL) refluxiert. Das Lösungsmittel wurde im Vakuum entfernt. Verbindung **3** (80 mg, 71 %) wurde nach Trennung an Kiesel-gel (DCM/Aceton 6:1→ Aceton→Aceton/Wasser 9:1) als weißer Feststoff (93.7 mg, 248 μmol, 80 %) erhalten.

^{1}H-NMR (300 MHz, [D$_6$]DMSO): δ = 1.11 [s, br., 1.5 H, *t*Bu Rotamer], 1.25 [s, br., 7.5 H, *t*Bu], 2.46–2.52 [m, 2 H, C(α)-H], 3.96–4.05 [m, 1 H, C(β)-H], 4.05–4.14 [m, 2 H, C(γ)-H], 5.68 (d, $^3J_{HH}$ = 10.8 Hz, 1 H, NH), 6.33 [d, $^3J_{HH}$ = 16.7 Hz, 1 H H$_a$, CH$_a$H$_b$], 6.69 (s, br., 2 H, N'H2), 6.80 [d, $^3J_{HH}$ = 8.1 Hz, 1 H$_b$, CH$_a$H$_b$], 6.84–6.94 [m, 1 H, CH], 10.95 (s, 1 H, N'H) ppm.

^{13}C-NMR (125 MHz, [D$_6$]DMSO): δ = 28.0 [C(CH$_3$)$_3$], 36.3 [C(α)], 45.1 [C(γ)], 47.9 [C(β)], 77.6 [C(CH$_3$)$_3$], 116.2 [C(5)], 118.0 [C(8)], 123.7 [C=C], 144.1 [C=C], 152.1 [C(4)], 153.4, 154.6, 156.7, 172.8 [COOH] ppm.

MS (ESI): (%) m/z = 377.2 (100) [M-H]$^-$

HRMS: ber. 401.1544 [M+Na]$^+$, gef. 401.1541 [M+Na]$^+$

6.7.4   β-Peptid TGAT

H–(β-HLys–β-HT–ACHC–β-HLys–β-HG–ACHC–β-HLys–β-HA–ACHC–
β-HLys–β-HT–ACHC–β-Ala)–NH$_2$

$$[C_{95}H_{150}N_{32}O_{18}, 2027.18]$$

Die β-Peptidsynthese erfolgte gemäß AVV4 (Kapitel 6.3.4). Die einzelnen
Bausteine wurden nach bekannten Vorschriften synthetisiert.[10,13]

Analytische Daten:

HPLC:	(C18, Gradient = 10-60 % B in 30 min):
	t_R = 25.48 Minuten
ESI-MS, m/z (%):	508.06 (29) [M+4H]$^{4+}$, 677.06 (100) [M+3H]$^{3+}$,
	1015.10 (38) [M+2H]$^{2+}$
HR-MS:	ber. [M+3H]$^{3+}$ 676.73414 , gef. 676.73422

6.7.5   Testpeptid mittels *in situ*-Neutralisation

$H - IIFG - NH_2$

$$C_{23}H_{37}N_5O_4$$

Die Synthese des Peptids erfolgte auf vorbelegtem Boc-Gly-MBHA-Harz
(20 µmol). Grundsätzlich wurde gemäß AAV 4 (Kapitel 6.3.4) verfahren.
Nach der Behandlung mit TFA/*m*-Kresol (95:5) (3×2 mL; 2×5 Minuten,
2 mL) wurde die Abspaltlösung entfernt und das Harz mit DMF/DCM 1:1
(3×2 mL; 2×2 Minuten, 2 mL) gewaschen. Anschließend wurde direkt eine
Lösung der *N*-Boc-β-Aminosäure (5.0 Äq), HATU (4.5 Äq) und HOAt (5 Äq)
in 500 µL DMF mit DIPEA (14 Äq) hinzugegeben. Alle weiteren Schritte
zur Oligomerisierung und Abspaltung wurden durchgeführt wie zuvor beschrieben.

Analytische Daten:

ESI-MS, m/z (%):	448.29 (100) [M+H)]$^+$, 895.58 (5) [2 M+H)]$^+$
HR-MS:	ber. [M+H]$^+$ 448.2918, gef. 448.2921

6.7.6 K3-Syntaxin

$$H - WWG(KIAALKE)_3QSKARRKKIMIIICCVILGIIIASTIGGIFG - OH$$

$$[C_{279}H_{479}N_{73}O_{66}S_3, 6008.4]$$

Das Peptid wurde nach AAV2 (Kapitel 6.3.2) hergestellt. Es wurden 333 mg von Fmoc-Gly-WangLL-Harz eingesetzt.[14] Alle Kupplungen wurden doppelt ausgeführt und nach jeder Kupplung ein *Capping* durchgeführt.

Analytische Daten:
ESI-MS, m/z (%):   668.52 $[M+8H]^{8+}$, 859.24 $[M+7H]^{7+}$,
                  1202.53 $[M+5H]^{5+}$
HR-MS: ber. $[M+7H]^{7+}$ 858.8006, gef. 858.7999

6.7.7 E3-VAMP2

$$H - G(EIAALEK)_3RKYWWKNLKMMIILVICAIILIIIIVYFST - OH$$

$$[C_{288}H_{473}N_{65}O_{71}S_3, 6078.4]$$

Das Peptid wurde nach AAV2 (Kapitel 6.3.2) hergestellt. Es wurden 270 mg von Fmoc-Thr(*t*Bu)-WangLL-Harz eingesetzt. Alle Kupplungen wurden doppelt ausgeführt und nach jeder Kupplung ein *Capping* durchgeführt.

Analytische Daten:
ESI-MS, m/z: 1013.93 $[M+5H]^{5+}$
HR-MS: ber. $[M+6H]^{6+}$ 1013.5838, gef. 1013.5851

6.7.8 Peptid K3

$$H - (KIAALKE)_3GWG - OH$$

$$[C_{120}H_{207}N_{31}O_{31}, 2580.2]$$

Das Peptid wurde nach AAV2 (Kapitel 6.3.2) hergestellt. Es wurden 333 mg von Fmoc-Gly-WangLL-Harz eingesetzt. Dabei wurden Einfachkupplungen ohne *Capping* durchgeführt.

---

[14]LL ist eine Produktbezeichnung der Firma *Novabiochem*. Es steht für Harze mit eine geringen Beladungsdichte (*low load*)

Analytische Daten:

HPLC :	(C18, Gradient = 10-60 % B in 30 Minuten)
	t_R = 27.44 Minuten
ESI-MS, m/z (%):	646.15 (55) $[M+4H]^{4+}$, 861.05 (40) $[M+3H]^{3+}$,
	2581.58 (100) $[M+H]^+$
HR-MS:	ber. $[M+3H]^{3+}$ 860.5264, gef. 860.5259

6.7.9   Peptid E3

$H - G(EIAALEK)_3G - OH$

$$[C_{106}H_{182}N_{26}O_{36}, 2396.8]$$

Das Peptid wurde nach AAV2 (Kapitel 6.3.2) hergestellt. Es wurden 333 mg von Fmoc-Gly-WangLL-Harz eingesetzt. Dabei wurde Einfachkupplungen ohne *Capping* verwendet.

Analytische Daten:

HPLC:	(C18, gradient = 30-80 % B in 30 Minuten):
	t_R = 22.82 Minuten
ESI-MS, m/z (%):	799.78 (82) $[M+3H]^{3+}$, 1199.17 (20) $[M+2H]^{2+}$,
	2397.33 $[M+H]^+$ (100)
HR-MS:	ber.799.4476, gef. 799.4473

6.7.10 Peptid TexasRed-K3

$TxR - (EIAALEK)_3GWG - OH$

$$[C_{157}H_{246}N_{34}O_{38}S_2, 3279.8]$$

Das auf dem Harz befindliche Seitenketten-geschützte Peptid K3 (Kapitel 6.7.9) (20 mg, $\approx$ 30 µmol) wurde in eine BD-Spritze mit Fritte gegeben und für eine Stunde in NMP geschüttelt. Anschließend wurde das NMP entfernt, das Harz mit einer Lösung von Red$^®$–Succinimidylester (*Invitrogen*, 60 µmol, 2 Äq) und DIPEA (150 µmol) in NMP (150 µL, 5 Äq) versetzt und über Nacht unter Lichtausschluss geschüttelt. Die Kupplungslösung wurde entfernt, das Harz wurde mit NMP (3 × 3 mL) und DCM (5 × 3 mL) gewaschen und anschließend im Vakuum getrocknet. Das Peptid wurde nach AAV3 (Kapitel 6.3.3) vom Harz abgespalten und in *tert.*-Butylmethylether gefällt. Die Struktur des Fluoreszenz-Farbstoffs ist in Abbildung 6.3 auf Seite 143 zu sehen.

Analytische Daten:
  HPLC: (C18, Gradient = 10–80 % B in 30 Minuten):
           t_R = 24.60 Minuten
  ESI-MS, m/z: 3098.57 $[M+H]^+$

6.7.11 Peptid NBD-E3

$NBD - G(EIAALEK)_3G - OH$

$$[C_{112}H_{184}N_{29}O_{39}, 2560.8]$$

Das auf dem Harz befindliche Seitenketten-geschützte Peptid E3 (Kapitel 6.7.8) (20 mg, $\approx$ 30 µmol) wurde in eine BD-Spritze mit Fritte gegeben und für eine Stunde in NMP geschüttelt. Anschließend wurde das NMP entfernt, das Harz mit einer Lösung von NBD-Cl (60 µmol, 2 Äq) und DIPEA (150 µmol) in NMP (150 µL, 5 Äq) versetzt und über Nacht unter Lichtausschluss geschüttelt. Die Kupplungslösung wurde entfernt, das Harz wurde mit NMP (3 × 3 mL) und DCM (5 × 3 mL) gewaschen und anschließend im Vakuum getrocknet. Das Peptid wurde nach AAV3 (Kapitel 6.3.3) vom Harz abgespalten und in *tert.*-Butylmethylether gefällt. Die Struktur des NBD-Cl ist in Abbildung 6.4 auf 144 zu sehen.

Analytische Daten:

HPLC: (C18, Gradient = 40-80 % B in 30 min):

tR = 21.42 Minuten

ESI-MS, m/z (%):   638.9 (44) [M-3H]$^{4-}$, 852.2 (100) [M-3H]$^{3-}$,

1278.7 (64) [M-2H]$^{2-}$

HR-MS: ber. [M+3H]$^{3+}$ 853.7857 , gef. 853.7857

6.7.12 K3-VAMP2

$H-(KIAALKE)_3 GWKRKYWWKNLKMMIILGVICAIILIIIIVYFST-OH$

$[C_{106}H_{182}N_{26}O_{36}, 6390.1]$

Das Peptid wurde nach AAV2 (Kapitel 6.3.2) hergestellt. Es wurden 333 mg von Fmoc-Gly-WangLL-Harz eingesetzt. Alle Kupplungen wurden doppelt ausgeführt und nach jeder Kupplung ein *Capping* durchgeführt.

Analytische Daten:

ESI-MS, m/z: 931.83 [M+7H]$^{7+}$, 1065.98 [M+6H]$^{6+}$

HR-MS: ber. 1065.4712 [M+6H]$^{6+}$, gef. 1065.4722

6.7.13 E3-Syntaxin

$H-WWG(EIAALEK)_3 YQSKARRKKIMIIICCVILGIIIASTIGGIFG-OH$

$[C_{263}H_{453}N_{67}O_{72}S_3, 5802.1]$

Das Peptid wurde nach AAV2 (Kapitel 6.3.2) hergestellt. Es wurden 333 mg von Fmoc-Gly-WangLL-Harz eingesetzt. Alle Kupplungen wurden doppelt ausgeführt und nach jeder Kupplung ein *Capping* durchgeführt.

Analytische Daten:

ESI-MS, m/z: 967.89 [M+6H]$^{6+}$, 1161.27 [M+5H]$^{5+}$

6.7.14 K3-Syntaxin-2

$H - WWG(KIAALKE)_2KIAALKYQSKARRKKIMIIICCVILGIIIASFIGGIFG - OH$

$$[C_{288}H_{483}N_{73}O_{64}S_3, 6088.6]$$

Das Peptid wurde nach AAV2 (Kapitel 6.3.2) hergestellt. Es wurden 333 mg von Fmoc-Gly-WangLL-Harz eingesetzt. Alle Kupplungen wurden doppelt ausgeführt und nach jeder Kupplung ein *Capping* durchgeführt.

Analytische Daten:
ESI-MS, m/z: 761.97 $[M+8H]^{8+}$, 870.67 $[M+7H]^{7+}$, 1015.61 $[M+6]^{6+}$

6.7.15 K3-Syntaxin-3

$H - WWG(KIAALKE)_3TKAVKYQSKARRKKIMIIICCVILGIIIASTIGGIFG - OH$

$$[C_{312}H_{533}N_{81}O_{74}S_3, 6699.5]$$

Das Peptid wurde nach AAV2 (Kapitel 6.3.2) hergestellt. Es wurden 333 mg von Fmoc-Gly-WangLL-Harz eingesetzt. Alle Kupplungen wurden doppelt ausgeführt und nach jeder Kupplung ein *Capping* durchgeführt.

Analytische Daten:
ESI-MS, m/z: 670.91 $[M+10H]^{10+}$, 838.38 $[M+8H]^{8+}$, 958.01 $[M+7H]^{7+}$
HR-MS: ber. 838.0026 $[M+8H]^{8+}$, gef. 838.0028

6.7.16 MARCKS (151–175)

$H - KKKKKRFSFKKSFKLSGFSFKKNKK - NH_2$

$$[C_{147}H_{244}N_{42}O_{30}, 3077.9]$$

Das Peptid wurde auf einem Rink Amid Harz hergestellt. Nach der manuellen Kupplung der ersten Aminosäure (3 × 5 Äq) wurde nach AAV2 verfahren. Es wurden 200 mg Harz verwendet und alle Kupplungen einfach ausgeführt.

Analytische Daten:

HPLC: (C18, Gradient = 10–60 % B in 30 Minuten):
                   t_R = 14.09 Minuten

ESI-MS, (%) m/z : 514.2 (100) $[M+6H]^{6+}$, 616.8(55) $[M+5H]^{5+}$,
                   770.7 (55) $[M+4H]^{4+}$, 1027.3 (10) $[M+3H]^{3+}$

HR-MS: ber. $[M+5H]^{6+}$ 513.9883, gef. 513.9883

6.7.17   Atto647N-MARCKS (151–175)

Atto647N – KKKKKRFSFKKSFKLSGFSFKKNKK – NH$_2$

$$[C_{147}H_{244}N_{42}O_{30}, 3707.6]$$

Das auf dem Harz befindliche Seitenketten-geschützte MARCKS-Peptid (20 mg, ≈ 30 µmol) (Kapitel 6.7.16) wurde in eine BD-Spritze mit Fritte gegeben und für eine Stunde in NMP geschüttelt. Anschließend wurde das NMP entfernt, das Harz mit einer Lösung des Atto647N-NHS-Esterperchlorat-Salzes (*Atto-Tec GmbH*, 60 µmol, 2 Äq) und DIPEA (150 µmol) in NMP (150 µL, 5 Äq) versetzt und über Nacht unter Lichtausschluss geschüttelt. Die Kupplungslösung wurde entfernt, das Harz wurde mit NMP (3 × 3 mL) und DCM (5 × 3 mL) gewaschen und anschließend im Vakuum getrocknet. Das Peptid wurde nach AAV3 (Kapitel 6.3.3) vom Harz abgespalten und mit *tert.*-Butylmethylether gefällt. Die Struktur des Atto647N-NHS-Esterperchlorats ist in Abbildung 6.5 auf Seite 144 zu sehen.[200]

Analytische Daten:

HPLC: (C18, Gradient = 10–60 % B in 30 Minuten)
                   t_R = 25.04, 25.64 Min (Farbstoff-Diastereomere)

ESI-MS, (%) m/z : 464.2(43) $[M+7H]^{8+}$, 530.5 (100) $[M+7H]^{7+}$,
                   618.7 (64) $[M+6H]^{6+}$, 742.3 (20) $[M+5H]^{5+}$,
                   927.6 (5) $[M+4H]^{4+}$

HR-MS: ber. $[M+7H]^{7+}$ 530.4753, gef. 530.4753

6.7.18   TMD Syntaxin(257-288)

H – YQSKARRKKIMIIICCVILGIIIASTIGGIFG – OH

$$[C_{159}H_{276}N_{42}O_{38}S_3, 3480.4]$$

Das Peptid wurde nach AAV2 (Kapitel 6.3.2) hergestellt. Es wurden 333 mg von Fmoc-Gly-WangLL-Harz eingesetzt. Alle Kupplungen wurden doppelt ausgeführt und nach jeder Kupplung ein *Capping* durchgeführt.

Analytische Daten:

ESI-MS, (%) m/z :   697.01 $[M+5H]^{5+}(8)$, 871.01 $[M+4H]^{4+}(100)$,
1161.02 $[M+3H]^{3+}(41)$

HR-MS: ber. $[M+3H]^{3+}$ 870.5102, gef. 870.5105

6.7.19   TMD Syntaxin(257-288, K264A)

Fmoc – YQSKARRAKIMIIICCVILGIIIASTIGGIFG – OH

$$[C_{171}H_{279}N_{41}O_{40}S_3, 3645.5]$$

Das Peptid wurde nach AAV2 (Kapitel 6.3.2) hergestellt. Es wurden 333 mg von Fmoc-Gly-WangLL-Harz eingesetzt. Alle Kupplungen wurden doppelt ausgeführt und nach jeder Kupplung ein *Capping* durchgeführt.

Analytische Daten:

ESI-MS, (%) m/z :   730.02 $[M+5H]^{5+}$ (31), 912.27 $[M+4H]^{4+}$ (100)
1216.02 $[M+3H]^{3+}$ (40)

6.7.20   TMD Syntaxin(257-288, K264A, K265A)

H – YQSKARRAAIMIIICCVILGIIIASTIGGIFG – OH

$$[C_{153}H_{262}N_{40}O_{38}S_3, 3366.2]$$

Das Peptid wurde nach AAV2 (Kapitel 6.3.2) hergestellt. Es wurden 333 mg von Fmoc-Gly-WangLL-Harz eingesetzt. Alle Kupplungen wurden doppelt ausgeführt und nach jeder Kupplung ein *Capping* durchgeführt.

Analytische Daten:
ESI-MS, m/z: 842.48 [M+4H]$^{4+}$, 1122.98 [M+3H]$^{3+}$
HR-MS: ber. [M+4H]$^{4+}$ 841.9827, gef. 841.9826

6.7.21 TMD Syntaxin-1A (257–288, M267A, C271A, I279A)

H – YQSKARRAAIAIIIACVILGIIAASTIGGIFG – OH

$$[C_{154}H_{266}N_{42}O_{38}S, 3346.1]$$

Das Peptid wurde nach AAV2 (Kapitel 6.3.2) hergestellt. Es wurden 333 mg von Fmoc-Gly-WangLL-Harz eingesetzt. Alle Kupplungen wurden doppelt ausgeführt und nach jeder Kupplung ein *Capping* durchgeführt.

Analytische Daten:
ESI-MS, (%) m/z: 670.21 (8) [M+5H]$^{5+}$, 837.51 (100) [M+4H]$^{4+}$,
1116.34 (41) [M+3H]$^{3+}$
HR-MS: ber. [M+4H]$^{4+}$ 837.0046, gef. 837.0045

6.7.22 Atto647N-TMD Syntaxin(257-288)

Atto647N – YQSKARRKKIMIIICCVILGIIIASTIGGIFG – OH

$$[C_{201}H_{325}N_{45}O_{40}S_3, 4105.4]$$

Die auf dem Harz befindliche Seitenketten-geschützte Doppelmutante der TMD von Syntaxin (20 mg, ≈ 5 µmol) (Kapitel 6.7.20) wurde in eine BD-Spritze mit Fritte gegeben und für eine Stunde in NMP geschüttelt. Anschließend wurde das NMP entfernt, das Harz mit einer Lösung des Atto647N-NHS-Esterperchlorat-Salzes (60 µmol, 2 Äq) und DIPEA (150 µmol) in NMP (150 µL, 5 Äq) versetzt und über Nacht unter Lichtausschluss geschüttelt. Die Kupplungslösung wurde entfernt, das Harz mit NMP (3 × 3 mL) und DCM (5 × 3 mL) gewaschen und anschließend im Vakuum getrocknet. Das Peptid wurde nach AAV3 (Kapitel 6.3.3) vom Harz abgespalten und mit *tert.*-Butylmethylether gefällt.

Analytische Daten:
ESI-MS, m/z: 1127.85 [M+4H]$^{4+}$
HR-MS: ber. [M+4H]$^{4+}$ 1127.8572, gef. 1127.8548

6.7.23 Atto647N-TMD Syntaxin(257-288, K264A)

*Atto*647*N – YQSKARRAKIMIIICCVILGIIIASTIGGIFG – OH*

$$[C_{198}H_{319}N_{44}O_{40}S_3, 4049.3]$$

Die auf dem Harz befindliche Seitenketten-geschützte TMD von Syntaxin (20 mg), ≈ 5 μmol) (Kapitel 6.7.19) wurde in eine BD-Spritze mit Fritte gegeben und für eine Stunde in NMP geschüttelt. Anschließend wurde das NMP entfernt, das Harz mit einer Lösung des Atto647N-NHS-Esterperchlorat-Salzes (60 μmol, 2 Äq) und DIPEA (150 μmol) in NMP (150 μL, 5 Äq) versetzt und über Nacht unter Lichtausschluss geschüttelt. Die Kupplungslösung wurde entfernt, das Harz mit NMP (3 × 3 mL) und DCM (5 × 3 mL) gewaschen und anschließend im Vakuum getrocknet. Das Peptid wurde nach AAV3 (Kapitel 6.3.3) vom Harz abgespalten und mit *tert.*-Butylmethylether gefällt.

Analytische Daten:
ESI-MS, (%) m/z :   811.08 (17) [M+3H]$^{3+}$, 1013.59 (100) [M+4H]$^{4+}$
HR-MS: ber. [M+4H]$^{4+}$ 810.6744, gef. 810.6746

6.7.24 Atto647N-TMD Syntaxin(257-288, K264A, K265A)

*Atto*647*N – YQSKARRAAIMIIICCVILGIIIASTIGGIFG – OH*

$$[C_{195}H_{312}N_{43}O_{40}S_3, 3992.3]$$

Die auf dem Harz befindliche Seitenketten-geschützte TMD von Syntaxin (20 mg, ≈ 5 μmol) (Kapitel 6.7.20) wurde in eine BD-Spritze mit Fritte gegeben und für 1 h in NMP geschüttelt. Anschließend wurde das NMP entfernt, das Harz mit einer Lösung des Atto647N-NHS-Esterperchlorat-Salzes (60 μmol, 2 Äq) und DIPEA (150 μmol) in NMP (150 μL, 5 Äq) versetzt und über Nacht unter Lichtausschluss geschüttelt. Die Kupplungslösung wurde entfernt, das Harz mit NMP (3 × 3 mL) und DCM (5 × 3 mL) gewaschen und anschließend im Vakuum getrocknet. Das Peptid wurde nach AAV3 (Kapitel 6.3.3) vom Harz abgespalten und mit *tert.*-Butylmethylether gefällt.

Analytische Daten:
ESI-MS, m/z: 999.58 [M+4H]$^{4+}$, 1332.44 [M+3H]$^{3+}$
HR-MS: ber. [M+3H]$^{3+}$ 1331.4322, gef. 1331.4335

6.7.25   Atto647N-TMD Syntaxin-1A (257–288, M267A, C271A, I279A)

Atto647N – YQSKARRAAIAIIIACVILGIIAASTIGGIFG – OH

$$[C_{196}H_{315}N_{45}O_{40}S, 3974.95]$$

Die auf dem Harz befindliche Seitenketten-geschützte TMD von Syntaxin (20 mg, $\approx$ 5 μmol) (Kapitel 6.7.21) wurde in eine BD-Spritze mit Fritte gegeben und für eine Stunde in NMP geschüttelt. Anschließend wurde das NMP entfernt, das Harz mit einer Lösung des Atto647N-NHS-Esterperchlorat-Salzes (60 μmol, 2 Äq) und DIPEA (150 μmol) in NMP (150 μL, 5 Äq) versetzt und über Nacht unter Lichtausschluss geschüttelt. Die Kupplungslösung wurde entfernt, das Harz mit NMP (3 × 3 mL) und DCM (5 × 3 mL) gewaschen und anschließend im Vakuum getrocknet. Das Peptid wurde nach AAV3 (Kapitel 6.3.3) vom Harz abgespalten und mit *tert.*-Butylmethylether gefällt.

Analytische Daten:
ESI-MS, m/z: 795.96 $[M+5H]^{5+}$, 994.35 $[M+4H]^{4+}$
HR-MS: ber. $[M+4H]^{4+}$ 993.8502, gef. 993.8505

6.7.26 Rhodamin Red-TMD Syntaxin(257-288)

RhodamineRed – YQSKARRKKIMIIICCVILGIIIASTIGGIFG – OH

$$[C_{192}H_{315}N_{45}O_{45}S_5, 4131.2]$$

Die auf dem Harz befindliche TMD von Syntaxin (20 mg, $\approx$ 5 µmol) (Kapitel 6.7.20) wurde in eine BD-Spritze mit Fritte gegeben und für eine Stunde in NMP geschüttelt. Anschließend wurde das NMP entfernt, das Harz mit einer Lösung des Rhodamin Red™-Succinimidylesters (60 µmol, 2 Äq, *Invitrogen*) und DIPEA (150 µmol) in NMP (150 µL, 5 Äq) versetzt und über Nacht unter Lichtausschluss geschüttelt. Die Kupplungslösung wurde entfernt, das Harz wurde mit NMP (3 × 3 mL) und DCM (5 × 3 mL) gewaschen und anschließend im Vakuum getrocknet. Das Peptid wurde nach AAV3 (Kapitel 6.3.3) vom Harz abgespalten und mit *tert.*-Butylmethylether gefällt. Die Struktur des Rhodamin Red™-Succinimidylesters ist in Abbildung 6.6 auf Seite 144 zu sehen.

Analytische Daten:
ESI-MS, m/z: 4132.2 [M+H]$^+$

6.7.27 Peptid K4

H – W(KISALKE)$_4$G – OH

$$[C_{153}H_{267}N_{39}O_{43}, 3338.9]$$

Das Peptid wurde nach AAV2 (Kapitel 6.3.2) hergestellt. Es wurden 333 mg von Fmoc-Gly-WangLL-Harz eingesetzt. Alle Kupplungen wurden einfach und ohne *Capping* ausgeführt.

Analytische Daten:
HPLC: (C18, gradient = 30-60 % B in 30 Minuten):
                 t_R = 18.66 Minuten
ESI-MS, m/z: (%)   557.68 (35) [M+6H]$^{6+}$, 669.01 (100) [M+5H]$^{5+}$,
                 836.01 (90) [M+4H]$^{4+}$, 1114.33 (6) [M+3H]$^{3+}$
HR-MS: ber. [M+5H]$^{5+}$ 668.8054, gef. 668.8054

139

6.7.28 Peptid E4

$H - W(EISALEK)_4 G - OH$

$$[C_{149}H_{247}N_{35}O_{51}, 3344.8]$$

Das Peptid wurde nach AAV2 (Kapitel 6.3.2) hergestellt. Es wurden 333 mg von Fmoc-Gly-WangLL-Harz eingesetzt. Alle Kupplungen wurden einfach und ohne *Capping* ausgeführt.

Analytische Daten:

HPLC:	(C18, gradient = 30-100 % B in 30 Minuten): t_R = 19.36 Minuten
ESI-MS, m/z: (%)	669.77 (35) $[M+5H]^{5+}$, 836.95 (100) $[M+4H]^{4+}$, 1115.60 (43)
HR-MS:	ber. $[M+4H]^{4+}$ 836.7025, gef. 836.7029

6.7.29 Peptid Rhodamin Red-K4

Rhodamin Red $- W(KISALKE)_4 G - OH$

$$[C_{186}H_{306}N_{42}O_{50}S_2, 3994.8]$$

Das auf dem Harz befindliche Seitenketten-geschützte Peptid K4 (20 mg, ≈ 5 µmol) (Kapitel 6.7.27) wurde in eine BD-Spritze mit Fritte gegeben und für eine Stunde in NMP geschüttelt. Anschließend wurde das NMP entfernt, das Harz mit einer Lösung des Rhodamin Red™-Succinimidylester (60 µmol, 2 Äq, *Invitrogen*) und DIPEA (150 µmol, 5 Äq) in NMP (150 µL) versetzt und über Nacht unter Lichtausschluss geschüttelt. Die Kupplungslösung wurde entfernt, das Harz mit NMP (3 × 3 mL) und DCM (5 × 3 mL) gewaschen und anschließend im Vakuum getrocknet. Das Peptid wurde nach AAV3 (Kapitel 6.3.3) vom Harz abgespalten und mit *tert.*-Butylmethylether gefällt. Die Struktur des Rhodamin Red™-Succinimidylesters ist in Abbildung 6.6 auf Seite 144 zu sehen.

Analytische Daten:

HPLC:	(C18, gradient = 30-70 % B in 30 Minuten): t_R = 21.15 Minuten
ESI-MS, m/z:	571.61 $[M+7H]^{7+}$, 666.71 $[M+6H]^{6+}$, 799.85 $[M+5H]^{5+}$, 999.56 $[M+4H]^{4+}$, 1332.41 $[M+4H]^{3+}$
HR-MS:	ber. $[M+6H]^{6+}$ 666.3762, gef. 666.3767

6.7.30 Peptid OG-K4

$OG - W(KISALKE)_4G - OH$

$$[C_{173}H_{275}F_2N_{39}O_{47}, 3689.02]$$

Das auf dem Harz befindliche Seitenketten-geschützte Peptid K4 (20 mg, $\approx$ 5 µmol) (Kapitel 6.7.27) wurde in eine BD-Spritze mit Fritte gegeben und für eine Stunde in NMP geschüttelt. Anschließend wurde das NMP entfernt, das Harz mit einer Lösung von Oregon Green® 488 (60 µmol, 2 Äq) (2',7'-Difluorofluorescein, *Invitrogen*), PyBOP (31 mg, 60 µmol, 2 Äq) und DIPEA (150 µmol, 5 Äq) in NMP (150 µL) versetzt und über Nacht unter Lichtausschluss geschüttelt. Die Kupplungslösung wurde entfernt, das Harz wurde mit NMP (3 × 3 mL) und DCM (5 × 3 mL) gewaschen und anschließend im Vakuum getrocknet. Das Peptid wurde nach AAV3 (Kapitel 6.3.3) vom Harz abgespalten und mit *tert.*-Butylmethylether gefällt.

Analytische Daten:

HPLC: (C18, Gradient = 30-60 % B in 30 Minuten):
t_R = 20.70 Minuten

ESI-MS, m/z: 528.30 (5) $[M+7H]^{7+}$, 616.18 (29) $[M+6H]^{6+}$, 739.22 (100) $[M+5H]^{5+}$, 923.77 (51) $[M+4H]^{4+}$, 1231.35 (10) $[M+4H]^{3+}$

6.7.31 Peptid Atto647-K4

$Atto647 - W(KISALKE)_4G - OH$

$$[\approx 3915]$$

Das auf dem Harz befindliche Seitenketten-geschützte Peptid K4 (20 mg, $\approx$ 5 µmol) (Kapitel 6.7.27) wurde in eine BD-Spritze mit Fritte gegeben und für eine Stunde in NMP geschüttelt. Anschließend wurde das NMP entfernt, das Harz mit einer Lösung des Atto647 NHS-Esters (60 µmol, 2 Äq, *AttoTecAtto-Tec GmbH*) und DIPEA (150 µmol, 5 Äq) in NMP (150 µL) versetzt und über Nacht unter Lichtausschluss geschüttelt. Die Kupplungslösung wurde entfernt, das Harz wurde mit NMP (3 × 3 mL) und DCM (5 × 3 mL) gewaschen und anschließend im Vakuum getrocknet. Das Peptid wurde nach AAV3 (Kapitel 6.3.3) vom Harz abgespalten und mit *tert.*-Butylmethylether gefällt. Die Struktur des Atto647 NHS-Esters ist patentrechtlich geschützt. Die Molekülmasse konnte daher nur über die bekannte Molmasse des Atto647 NHS-Esters (Perchlorat-Salz) abgeschätzt werden.

Analytische Daten:

HPLC:	(C18, Gradient = 30-70 % B in 30 Minuten):
	t_R = 21.30 Minuten, 21.70 (Farbstoff-Diastereomere)
ESI-MS, (%) m/z:	653.56 (15) $[M+6H]^{6+}$, 784.07 (100) $[M+5H]^{5+}$,
	979.83 (69) $[M+4H]^{4+}$, 1306.10 (12) $[M+3H]^{3+}$
HR-MS	gef. 653.2207, 783.6637, 979.3280

6.7.32 E4-Syntaxin

$H - W(EISALEK)_4YQSKARRKKIMIIICCVILGIIIASTIGGIFG - OH$

$$[C_{306}H_{518}N_{76}O_{87}S_3, 6750.0]$$

Das Peptid wurde nach AAV2 (Kapitel 6.3.2) hergestellt. Es wurden 333 mg von Fmoc-Gly-WangLL-Harz eingesetzt. Alle Kupplungen wurden doppelt ausgeführt und nach jeder Kupplung ein *Capping* durchgeführt. *Analytische Daten*:

ESI-MS, m/z: 844.74 $[M+8H]^{8+}$, 965.26 $[M+7H]^{7+}$, 1125.97 $[M+6H]^{6+}$

6.8 Strukturen der Fluoreszenz-Farbstoffe

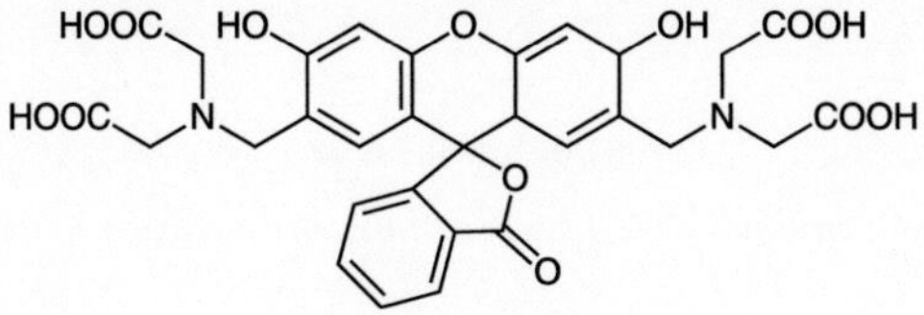

[$C_{30}H_{28}N_2O_{13}$, 624.55]

Abbildung 6.1: *Struktur des Fluorescein-Derivats Calcein (Sigma-Aldrich).*

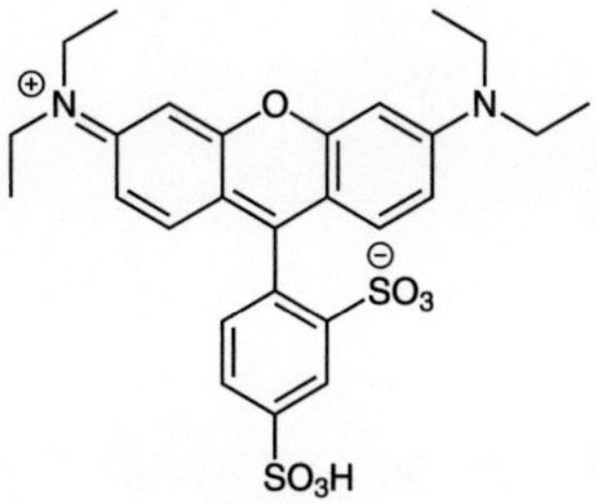

[$C_{27}H_{30}N_2O_7S_2$, 558.67]

Abbildung 6.2: *Struktur von Sulforhodamin B Calcein (Sigma-Aldrich).*

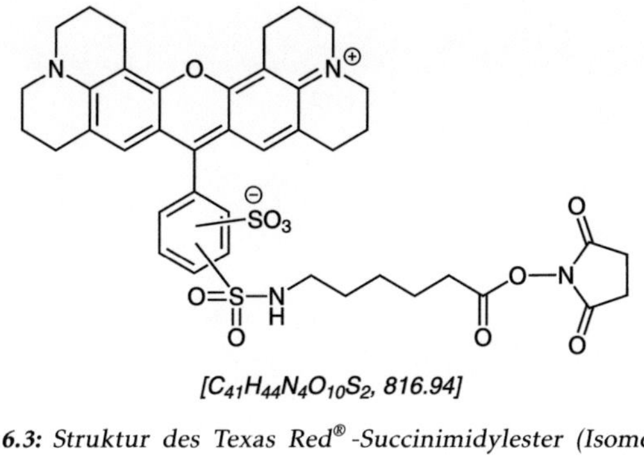

[$C_{41}H_{44}N_4O_{10}S_2$, 816.94]

Abbildung 6.3: *Struktur des Texas Red® -Succinimidylester (Isomerengemisch) (Invitrogen).*

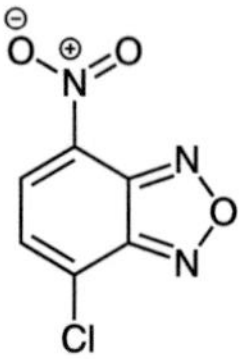

[C$_6$H$_2$ClN$_3$O$_3$, 199.55]

Abbildung 6.4: *Struktur des 4-Chloro-7-nitrobenz-2-oxa-1,3-diazol (NBD-Cl) (Sigma-Aldrich).*

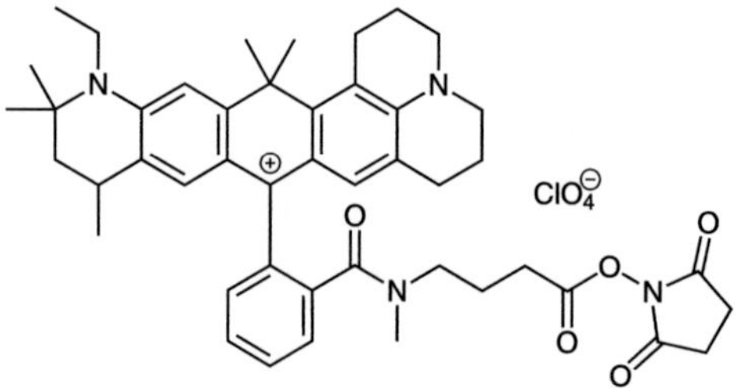

[C$_{46}$H$_{55}$ClN$_4$O$_9$, 843.4]

Abbildung 6.5: *Struktur des Atto647N-NHS-Esterperchlorat-Salzes[200] (Atto-Tec).*

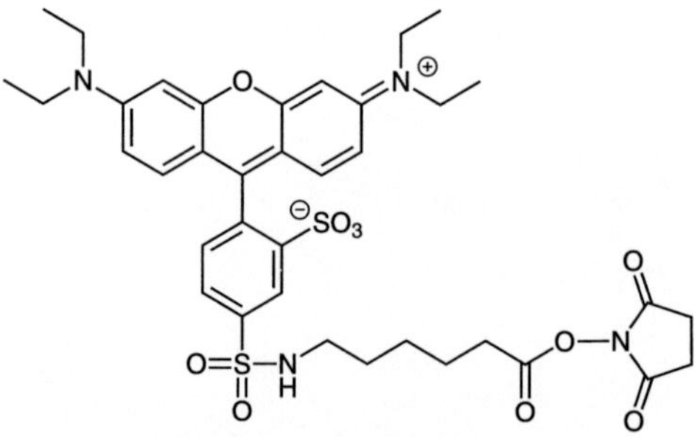

[C$_{37}$H$_{44}$N$_4$O$_{10}$S$_2$, 768.90]

Abbildung 6.6: *Struktur des Rhodamin Red^{TM}-Succinimidylesters (Invitrogen).*

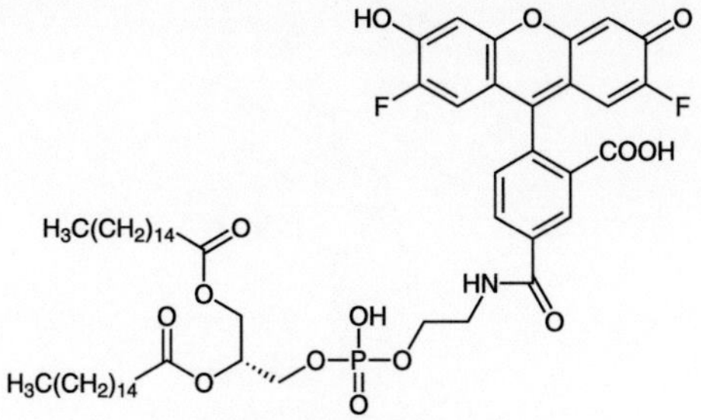

[C$_{58}$H$_{82}$F$_2$NO$_{14}$P, 1086.24]

Abbildung 6.7: *Struktur des Oregon Green® -DHPE (Invitrogen).*

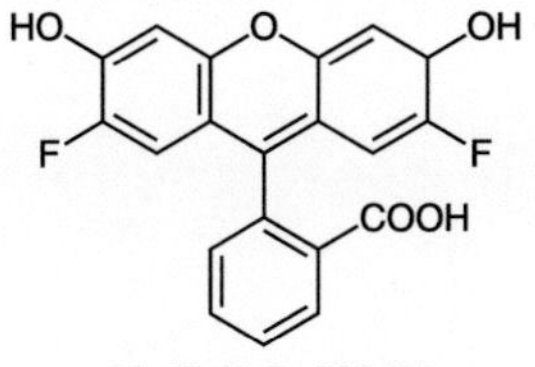

[C$_{20}$H$_{12}$F$_2$O$_5$, 370.07]

Abbildung 6.8: *Struktur des Oregon Green® 488 (2',7'-Difluorofluorescein).*

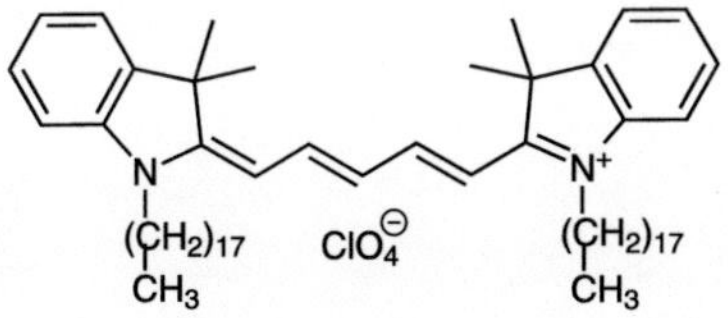

[C$_{61}$H$_{99}$ClN$_2$O$_4$, 959.91]

Abbildung 6.9: *Struktur des DiD Öls (DiIC18(5) Öl)(Invitrogen).*

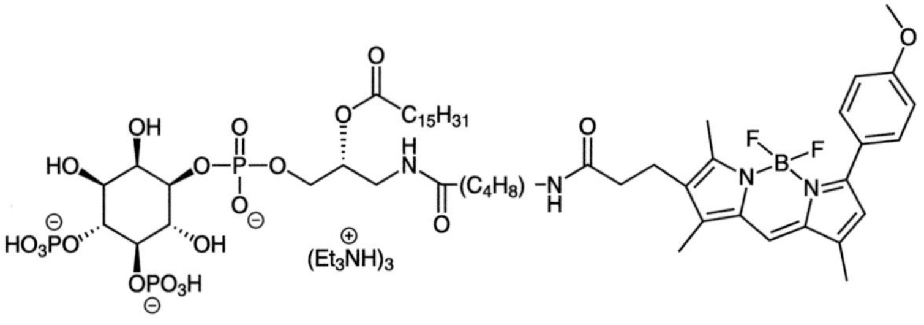

Abbildung 6.10: *Struktur des BODIPY-PiP2 (Echelon).*

145

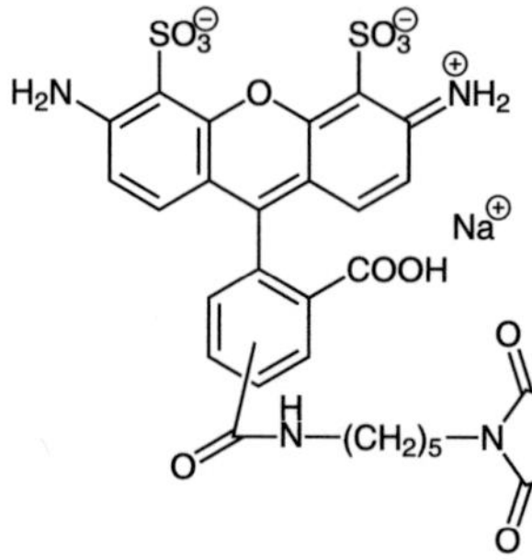

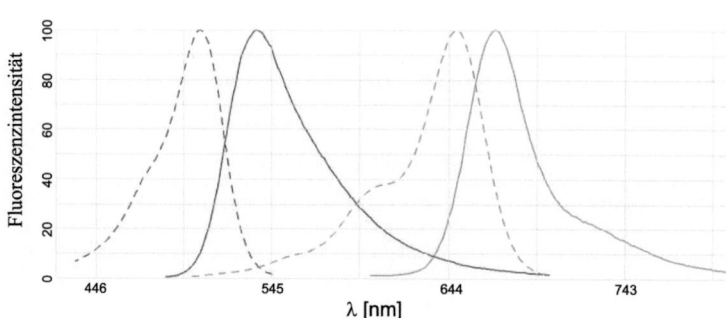

$[C_{30}H_{25}N_4O_{12}S_2Na, 720.66]$

Abbildung 6.11: *Alexa Fluor® 488-C₅-Maleinimid (Invitrogen).*

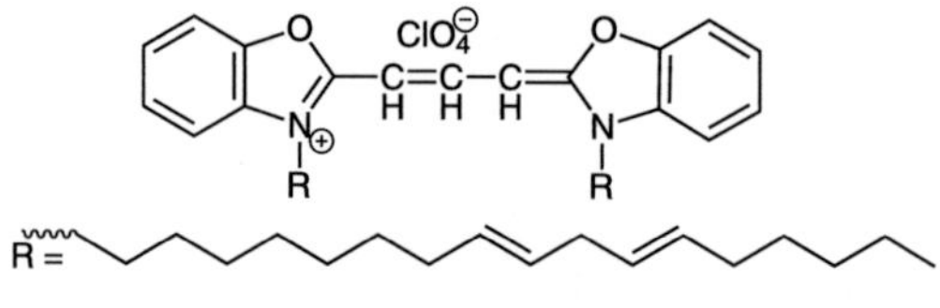

$[C_{53}H_{77}ClN_2O_6, 873.65]$

Abbildung 6.12: *Struktur des DiO (Invitrogen).*

Abbildung 6.13: Anregungsspektrum (gestrichelte Linie) und Emissionsspektrum (durchgezogene Linie) von OG-DHPE (grün) und DiD (blau) (Invitrogen Fluorescence SpectraViewer, www.invitrogen.com).

Abkürzungsverzeichnis

Äq	Äquivalente
Å	Ångström
U/Minuten	Umdrehungen pro Minute
AAV	Allgemeine Arbeitsvorschrift
Ac_2O	Essigsäureanhydrid
ACHC	(1R,2R)-2-Aminocyclohexancarbonsäure
ber.	berechnet
Boc	t-Butoxycarbonyl
br.	breit
Bzl	Benzyl
C	Cytosin
CD	Circulardichroismus
CHAPS	3-[(3-Cholamidopropyl)dimethylammonio]-1-propansulfonat
Chol.	Cholesterol
d	Dublett
DC	Dünnschichtchromatographie
DCC	N,N-Dicyclohexylcarbodiimid
DCM	Dichlormethan
dd	Dublett vom Dublett
DiD	DiIC18(5) Öl, 1,1'-Dioctadecyl-3,3,3',3'-tetramethylindodicarbocyanin Perchlorat-Salz
DiO	3,3'-Dilinoleyloxacarbocyaninperchlorat
DIPCI	Diisopropycarbodiimid
DIPEA	Diisopropylethylamin
DMF	N,N-Dimethylformamid
DOPC	1,2-Dioleoyl-sn-glycero-3-phosphocholin
DOPS	1,2-Dioleoyl-sn-glycero-3-phosphoserin
ESI	*electron spray ionisation*
EtOH	Ethanol
Fmoc	9-Fluorenylmethoxycarbonyl
FRET	FÖRSTER Resonanzenergietransfer
G	Guanin
g	Gramm
gef.	gefunden
GUV	*giant unilamellar vesicle*

HATU	*O*-(7-Aza-1*H*-benzotriazol-1-yl)-1,1,3,3-tetramethyl-uroniumhexafluorophosphat-Salz
HOAt	7-Aza-1-hydroxybenzotriazol
HOBt	1-Hydroxybenzotriazol
HP150	*HEPES-Puffer (20 mM), KCl (150 mM), pH = 7.4*
HPLC	Hochleistungsflüssigkeitschromatographie
ITC	isothermale Titrationskalorimetrie
kDa	Kilodalton
KOH	Kaliumhydroxid
LL	*low load*
LUV	*large unilamellar vesicle*
m/z	Masse/Ladung
MBHA	Methylbenzhydrylamin
mL	Milliliter
NBD	7-Nitrobenz-2-oxa-1,3-diazol
NCL	Native Chemical Ligation
nm	Nanometer
NMP	*N*-Methyl-pyrolidin-2-on
NSF	*N*-ethylmaleide-sensitive factor
OGP	n-Octyl-(-)D-glucopyranosid
Pbf	2,2,4,6,7-Pentamethyl-dihydrobenzofuran-5-sulfonyl
PC	Phosphatidylcholin
PE	Phosphatidylethanolamin
PiP2	Phosphatdylinositol-4,5-bisphosphat
ppm	parts per million
PS	Phosphatidylserin
PyBOP®	Benzotriazol-1-yl-oxy-tris-pyrrolidino-phosphonium Hexafluorophosphat-Salz
q	Quartett
R_f	Retentionsfaktor
RP	Reverse-Phase
RT	Raumtemperatur
s	Singulett
SDS	*engl.*: Sodiumdodecylsulfate
SNAP25	*Synaptosomal-associated protein 25*
SNARE	soluble *N*-ethylmaleimide-sensitive-factor attachment protein receptor

SUV .... *small unilamellar vesicle*
t .... Triplett
t_R .... Retentionszeit
TBTA .... Tris[(1-benzyl-1H-1,2,3-triazol-4-yl)methyl]amin
tBu .... *t*-Butyl
TFA .... Trifluoressigsäure
TFE .... Trifluorethanol
TFMSA .... Trifluormethansulfonsäure
THF .... Tetrahydrofuran
TMD .... Transmembran-Domäne
TMS .... Tetramethylsilan
Trt .... Trityl
UV .... ultraviolett
VAMP .... vesicle associated membrane protein, *auch* Synapto-
brevin

Literatur

[1] L. V. Chernomordik, M. M. Kozlov, *Annu. Rev. Biochem.* **2003**, *72*, 175–207.

[2] L. V. Chernomordik, M. M. Kozlov, *Nat. Struct. Mol. Biol.* **2008**, *15*, 675–683.

[3] R. Jahn, R. H. Scheller, *Nat. Rev. Mol. Cell Biol.* **2006**, *7*, 631–643.

[4] W. S. Trimble, D. M. Cowan, R. H. Scheller, *Proc. Natl. Acad. Sci. USA* **1988**, *85*, 4538–4542.

[5] M. Baumert, P. R. Maycox, F. Navone, P. D. Camilli, R. Jahn, *EMBO J.* **1989**, *8*, 379–384.

[6] A. V. Pobbati, A. Stein, D. Fasshauer, *Science* **2006**, *313*, 673–676.

[7] K. Wiederholt, D. Fasshauer, *J. Biol. Chem.* **2009**, *284*, 13143–13152.

[8] A. Stein, G. Weber, M. C. Wahl, R. Jahn, *Nature* **2009**, *460*, 525.

[9] H. R. Marsden, I. Tomatsu, A. Kros, *Chem. Soc. Rev.* **2011**, *40*, 1572–1585.

[10] A. M. Brückner, Dissertation, Universität Göttigen, **2003**.

[11] A. M. Brückner, H. W. Schmitt, U. Diederichsen, *Helv. Chim. Acta* **2002**, *85*, 3855–3866.

[12] A. M. Brückner, P. Chrakraborty, S. H. Gellman, U. Diederichsen, *Angew. Chem. Int. Ed.* **2003**, *42*, 4395–4399.

[13] P. Chakraborty, Dissertation, Universität Göttingen, **2005**.

[14] P. Chakraborty, U. Diederichsen, *Chem. Eur. J.* **2005**, *11*, 3207–3216.

[15] R. Marsden, N. A. Elbers, P. H. H. Bomans, N. A. J. M. Sommerdijk, A. Kros, *Angew. Chem. Int. Ed.* **2009**, *121*, 2366–2369.

[16] C. J. Wienken, P. Baaske, U. Rothbauer, D. Braun, S. Duhr, *Nature Comm.* **2010**, *1*, 100.

[17] S. McLaughlin, J. Wang, A. Gambhir, D. Murray, *Annu. Rev. Bioph. Biom.* **2002**, 151–175.

[18] A. D. Lam, P. Tryoen-Toth, B. Tsai, N. Vitale, E. L. Stuenkel, *Mol. Biol. Cell* **2008**, *19*, 485–497.

[19] B. Alberts, A. Johnson, J. Lewis, M. Raff, K. Roberts, P. Walter, *Molecular Biology of The Cell*, *4th Edition*, Garland Science, New York, **2002**.

[20] S. J. Singer, G. L. Nicolson, *Science* **2009**, *175*, 720–731.

[21] L. Bagatolli, P. B. S. Kumar, *Soft Matter* **2009**, *5*, 3234–3248.

[22] L. K. Tamm, *Protein-Lipid-Interactions*, Wiley-VCH, Weinheim, **2005**.

[23] R. Jahn, R. H. Scheller, *Nat. Rev. Mol. Cell Biol.* **2006**, *7*, 631–643.

[24] M. Kozlov, V. S. Markin, *Biofizika* **1983**, *28*, 242–247.

[25] L. V. Chernomordik, M. M. Kozlov, G. B. Melikyan, I. G. Abidor, V. S. Markin, Y. A. Chizmadzhev, *Biochim. Biophys. Acta* **1985**, *812*, 643–655.

[26] L. V. Chernomordik, M. M. Kozlov, *Annu. Rev. Biochem.* **2003**, *72*, 175–207.

[27] V. S. M. ans J. P. Albanesi, *Biophys. J.* **2002**, *82*, 693–712.

[28] Y. Y. Kozlovsky, M. M. Kozlov, *Biophys. J.* **2002**, *82*, 882–895.

[29] R. Jahn, *Nat. Struct. Mol. Biol.* **2008**, *15*, 655–657.

[30] W. Wickner, R. Schekman, *Nat. Struct. Mol. Biol.* **2008**, *15*, 658–664.

[31] L. V. Chernomordik, J. Zimmerberg, M. M. Kozlov, *J. Cell Biol.* **2006**, *175*, 201–207.

[32] M. B. Jackson, E. R. Chapman, *Nat. Struct. Mol. Biol.* **2008**, *15*, 684–689.

[33] M. K. Domanska, V. Kiessling, A. Stein, D. Fasshauer, L. K. Tamm, *J. Biol. Chem.* **2009**, *284*, 32158–32166.

[34] E. Karatekin, J. D. Giovanni, C. Iborra, J. Coleman, B. O'Shaughnessy, M. Seagar, J. E. Rothman, *Proc. Natl. Acad. Sci. USA* **2010**, *107*, 3517–3521.

[35] Y. Hua, R. H. Scheller, *Proc. Natl. Acad. Sci. USA* **2001**, *98*, 8065–8070.

[36] C. Montecucco, G. Schiavo, S. Pantano, *Trends Biochem. Sci.* **2005**, *30*, 367–372.

[37] X. Han, C.-T. Wang, J. Bai, E. R. Chapman, M. B. Jackson, *Science* **2004**, *304*, 289–292.

[38] G. van den Bogaart, M. G. Holt, G. Bunt, D. Riedel, F. S. Wouters, R. Jahn, *Nat. Struct. Mol. Biol.* **2010**, *17*, 358–364.

[39] S. C. Harrison, *Nat. Struct. Mol. Biol.* **2008**, *15*, 690–698.

[40] T. H. Kloepper, C. N. Kienle, D. Fasshauer, *Mol. Biol. Cell* **2007**, *18*, 3463–3471.

[41] P. I. Hanson, R. Roth, H. Morisaki, R. Jahn, J. E. Heuser, *Cell* **1997**, *90*, 523–535.

[42] R. B. Sutton, D. Fasshauer, R. Jahn, A. T. Brunger, *Nature* **1998**, *395*, 347–353.

[43] R. F. Toonen, M. Verhage, *Trends Neurosci.* **2007**, *30*, 564–572.

[44] T. Weber, B. V. Zemelman, J. A. McNew, B. Westermann, M. Gmachl, F. Parlati, T. H. Söllner, J. E. Rothman, *Cell* **1998**, *92*, 759–772.

[45] A. M. Walter, K. Wiederhold, D. Bruns, D. Fasshauer, J. B. Sörensen, *J. Cell Biol.* **2010**, *188*, 401–413.

[46] K. Wiederhold, T. H. Kloepper, A. M. Walter, A. Stein, N. Kienle, J. B. Sörensen, D. Fasshauer, *J. Biol. Chem.* **2010**, *285*, 21549–21559.

[47] D. Fasshauer, R. B. Sutton, A. T. Brunger, R. Jahn, *Proc. Natl. Acad. Sci. USA* **1998**, *95*, 15781.

[48] A. Groschner, Dissertation, Universität Göttingen, **2010**.

[49] T. Liu, W. C. Tucker, A. Bhalla, E. R. Chapman, J. C. Weisshaar, *Biophys. J.* **2005**, *89*, 2458–2472.

[50] E. R. Chapman, *Annu. Rev. Biochem.* **2008**, *77*, 615–641.

[51] S. Martens, H. T. McMahon, *Nat. Rev. Mol. Cell Biol.* **2008**, *9*, 543–556.

[52] A. Radhakrishnan, A. Stein, R. Jahn, D. Fasshauer, *J. Biol. Chem.* **2009**, *284*, 25749–25760.

[53] L. Li, O.-H. Shin, J.-S. Rhee, D. A. J.-C. Rah, J. R. Südhof, C. Rosenmund, *J. Biol. Chem.* **2006**, *281*, 15845–15852.

[54] J. Bai, W. C. Tucker, E. R. Chapman, *Nat Struct. Mol. Biol.* **2004**, *11*, 36–44.

[55] D. Arac, X. Chen, H. A. Khant, J. Ubach, S. J. Lüdtke, M. Kikkawa, A. E. Johnson, W. Chiu, T. C. Südhof, J. Rizo, *Nat. Struct. Mol. Biol.* **2006**, *16*, 209–217.

[56] J. D. Gaffaney, F. M. Dunning, Z. Wang, E. Hui, E. R. Chapman, *J. Biol. Chem.* **2008**, *283*, 31763–31775.

[57] A. Bhalla, M. C. Chicka, W. C. Tucker, E. R. Chapman, *Nat. Struct. Mol. Biol* **2006**, *13*, 323–330.

[58] D. Z. Herrick, S. Sterbling, K. A. Rasch, A. Hinderliter, D. S. Cafiso, *Biochemistry* **2006**, *45*, 9668–9674.

[59] E. Hui, J. Bai, E. R. Chapman, *Biophys. J.* **2006**, *91*, 1767–1777.

[60] G. Schiavo, Q. M. Gu, G. D. Prestwich, T. H. Söllner, J. E. Rothman, *Proc. Natl. Acad. Sci. USA* **1996**, *93*, 13327–13332.

[61] H. de Wit, A. M. Walter, I. Milosevic, A. Gulyás-Kovács, D. Riedel, J. B. Sörensen, M. Verhage, *Cell* **2009**, *138*, 935–946.

[62] J. Rizo, C. Rosenmund, *Nat. Struct. Mol. Biol.* **2008**, *15*, 665–674.

[63] D. E. Vance, J. E. Vance, *Biochemistry of Lipids, Lipoproteins and Membranes*, New Comprehensive Biochemistry, Vol. 36, **2002**.

[64] Y. Liu, D. M. Engelman, M. D. Gerstein, *Genome Biol* **2002**, *3*, 0054.1–0054.12.

[65] D. M. Engelman, *Nature* **2005**, *438*, 578–580.

[66] P. Wen, S. Osborne, F. Meunier, *Prog. Lipid Res.* **2010**, *50*, 52–61.

[67] A. Gambhir, G. Hangyás-Mihályné, I. Zaitseva, D. S. Cafiso, J. Wang, D. Murray, S. N. Pentyala, S. O. Smith, S. McLaughlin, *Biophys. J.* **2004**, *86*, 2188–2207.

[68] D. J. James, C. Khodthong, J. A. Kowalchyk, T. F. Martin, *J. Cell Biol.* **2008**, *182*, 355–366.

[69] T. Lang, D. Bruns, D. Wenzel, D. Riedel, P. Holroyd, C. Thiele, R. Jahn, *EMBO J.* **2001**, *20*, 2202–2213.

[70] K. Aoyagi, *J. Biol. Chem.* **2005**, *280*, 17346–17352.

[71] J. M. Lehn, *J. Chem. Sci.* **1994**, *106*, 915–922.

[72] S. H. Gellman, *Chem. Rev.* **1997**, *97*, 1231–1232.

[73] L. Pauling, R. B. Corey, H. R. Hanson, *Proc. Natl. Acad. Sci. USA* **1951**, *37*, 205–211.

[74] J. C. Kendrew, R. E. Dickerson, B. E. Strandberg, R. G. Hart, D. R. Davies, D. C. Phillips, V. C. Shore, *Nature* **1960**, *185*, 422–427.

[75] F. H. C. Crick, *Nature* **1952**, *170*, 882–883.

[76] E. Wolf, P. S. Kim, B. Berger, *Protein Sci.* **1997**, *6*, 1179–189.

[77] J. E. Moutevelis, D. N. Woolfson, *J. Mol. Biol.* **2009**, *385*, 726–732.

[78] A. Rose, S. J. Schraegle, E. A. Stahlberg, I. Meier, *BMC Evol. Biol* **2005**, *5*, 66–87.

[79] H. R. Marsden, A. Kros, *Angew. Chem. Int. Ed.* **2010**, *49*, 2988–3005.

[80] A. Rose, S. Manikantan, S. J. Schraegle, M. A. Maloy, E. A. Stahlberg, I. Meier, *Plant Physiol.* **2004**, *134*, 927–939.

[81] A. Rose, I. Meier, *Cell. Mol. Life Sci.* **2004**, *61*, 1996–2004.

[82] E. H. C. Bromley, K. Channon, E. Moutevelis, D. N. Woolfson, *ACS Chemical Biology* **2008**, *3*, 38–50.

[83] D. A. D. Parry, J. M. Squire, *Fibrous Proteins: Coiled-Coils, Collagen and Elastomers*, Elsevier, **2005**.

[84] R. V. Ulijn, A. M. Smith, *Chem. Soc. Rev.* **2008**, *37*, 664–675.

[85] H. R. Marsden, J. G. E. M. Fraaije, A. Kros, *Angew. Chem. Int. Ed.* **2010**, *49*, 8570–8572.

[86] N. A. Schnarr, A. J. Kennan, *J. Am. Chem. Soc.* **2003**, 13046–13051.

[87] M. L. Diss, A. J. Kennan, *Organic Letters* **2008**, *10*, 3797–3800.

[88] M. L. Waters, *Curr. Opin. Chem. Biol.* **2002**, *6*, 736–741.

[89] H. Zheng, J. Gao, *Angew. Chem. Int. Ed.* **2010**, *49*, 8635–8639.

[90] B. Tripet, L. Yu, D. L. Bautista, W. Y. Wong, R. T. Irvin, R. S. Hodges,

Protein Eng. **1996**, *9*, 1029–1042.

[91] H. Chao, M. E. H. Jr., S. Grothe, C. M. Kay, M. O'Connor-McCourt, R. T. Irvin, R. S. Hodges, *Biochemistry* **1996**, *35*, 12175–12185.

[92] H. Chao, D. L. Bautista, J. Litowski, R. T. Irvin, R. S. Hodges, *J. Chromat. B.* **1998**, *715*, 307–330.

[93] J. R. Litowski, R. S. Hodges, *J. Biol. Chem.* **2002**, *277*, 37272–37279.

[94] D. A. Lindhout, J. R. Litowski, P. Mercier, R. S. Hodges, B. D. Sykes, *Biopolymers* **2004**, *75*, 367–375.

[95] D. Seebach, M. Overhand, F. N. M. Kühnle, B. Martoni, L. Oberer, U. Hommel, H. Widmer, *Helv. Chim. Acta* **1996**, *79*, 913–941.

[96] D. Seebach, P. E. Ciceri, P. E. Overhand, B. Jaun, D. Rigo, L. Oberer, U. Hommel, R. Amsturz, H. Widmer, *Helv. Chim. Acta* **1996**, *79*, 2043–2066.

[97] T. Hintermann, D. Seebach, *Synlett* **1997**, 437–438.

[98] T. Hintermann, D. Seebach, *Chimia* **1997**, *51*, 244–247.

[99] G. Guichard, D. Seebach, *Chimia* **1997**, *51*, 315–318.

[100] G. P. Dado, S. H. Gellmann, *J. Am. Chem. Soc.* **1994**, *116*, 1054–1062.

[101] D. H. Appella, L. A. Christianson, I. L. Karle, D. R. Powell, S. H. Gellman, *J. Am. Chem. Soc.* **1996**, *118*, 13071–13072.

[102] D. H. Appella, L. A. Christianson, D. A. Klein, D. R. Powell, X. Huang, J. J. Barchi, S. H. Gellman, *Nature* **1997**, *387*, 381–384.

[103] S. Krauthäuser, L. A. Christianson, D. R. Powell, S. H. Gellman, *J. Am. Chem. Soc.* **1997**, *119*, 11719.

[104] D. H. Appella, J. J. Barchi, S. R. Durell, S. H. Gellman, *J. Am. Chem. Soc.* **1999**, *121*, 2309–2310.

[105] E. A. Porter, B. S. H. Weisblum, S. H. Gellman, *J. Am. Chem. Soc.* **2002**, *124*, 7324–7330.

[106] S. E. Lietzke, C. L. Barnes, J. A. Berglund, C. E. Kundrot, *Structure* **1996**, *4*, 917–930.

[107] A. Eschenmoser, M. Dobler, *Helv. Chim. Acta* **1992**, *75*, 218–259.

[108] N. Delihas, S. E. Rokita, P. Zheng, *Nat. Biotechnol.* **1997**, *15*, 751–753.

[109] A. Richard, V. Marchi-Artzner, M. N. Lalloz, M. J. Brienne, F. Artzner, T. Gulik-Krzywicki, M. A. Guedeau-Boudeville, J. M. Lehn, *Proc.Natl. Acad. Sci. USA* **2004**, *101*, 15279–15284.

[110] B. J. Ravoo, W. D. Weringa, J. B. Engberts, *Biophys. J.* **1999**, *76*, 374–386.

[111] B. J. Ravoo, J. Kevelam, W. D. Weringa, J. B. F. N. Engberts, *J. Phys.*

Chem. B **1998**, *102*, 11001–11006.

[112] B. J. Ravoo, J. B. F. N. Engberts, *J. Chem. Soc., Perkin Trans. 2* **2001**, *10*, 1869–1886.

[113] W. Li, F. Nicol, F. C. Szoka, et al., *Adv. Drug Deliver. Rev.* **2004**, *56*, 967–985.

[114] F. Nomura, T. Inaba, S. Ishikawa, M. Nagata, S. Takahashi, H. Hotani, K. Takiguchi, *Proc.Natl. Acad. Sci. USA* **2004**, *101*, 3420–3425.

[115] R. A. Parente, S. Nir, J. Francis C. Szoka, *J. Biol. Chem.* **1988**, *263*, 4724–4730.

[116] A. Lorin, B. Charloteaux, Y. Fridmann-Sirkis, A. Thomas, Y. Shai, R. Brasseur, *Journal of Biological Chemistry* **2007**, *282*, 18388–18396.

[117] D. Langosch, M. Hofmann, C. Ungermann, *Cell. Mol. Life Sci.* **2007**, *64*, 850–864.

[118] D. Langosch, J. M. Crane, B. Brosig, A. Hellwig, L. K. Tamm, J. Reed, *J. Mol. Biol.* **2001**, *311*, 709–721.

[119] A. Kashiwada, M. Tsuboi, K. Matsuda, *Chem. Comm.* **2009**, *6*, 695–697.

[120] A. Kashiwada, M. Tsuboi, T. Mizuno, T. Nagasaki, K. Matsuda, *Soft Matter* **2009**, *5*, 4719–4725.

[121] G. Stengel, R. Zahn, F. Höök, *J. Am. Chem. Soc.* **2007**, *129*, 9584–9585.

[122] G. Stengel, R. Zahn, F. Höök, *J. Am. Chem. Soc.* **2008**, *130*, 2372.

[123] G. Stengel, L. Simonsson, R. A. Campbell, F. Höök, *J. Phys. Chem. B* **2008**, *112*, 8264–8274.

[124] I. Pfeiffer, F. Höök, *J. Am. Chem. Soc.* **2004**, *126*, 10224–10225.

[125] Y. M. Chan, B. van Lengerich, S. G. Boxer, *Biointerphases* **2008**, *3*, FA17–FA21.

[126] Y. H. Chan, B. van Lengerich, S. G. Boxer, *Proc. Natl. Acad. Sci. USA* **2009**, *106*, 979–984.

[127] Y. Gong, Y. Luo, D. Bong, *J. Am. Chem. Soc.* **2006**, *128*, 14430–14431.

[128] Y. Gong, M. Ma, Y. Luo, D. Bong, *J. Am. Chem. Soc.* **2008**, *130*, 6196–6205.

[129] E. G. Jr, T. J. Beeler, K. M. Taylor, K. Gable, M. A. Roseman, *Biochemistry* **1992**, *31*, 9912–9918.

[130] A. S. Lygina, K. Meyenberg, R. Jahn, U. Diederichsen, *Angew. Chem. Int. Ed.* **2011**, *50*, 8597–8601.

[131] D. A. Kelkar, A. Chattopadhyay, *Biochim. Biophys. Acta* **2007**, *1768*, 2011–2025.

[132] M. M. Chen, E. Weerapana, E. Ciepichal, J. Stupak, C. W. Reid, E. Swiezewska, B. Imperiali, *Biochemistry* **2007**, *46*, 14342–14348.

[133] D. Langosch, J. M. Crane, B. Brosig, A. Hellwig, L. K. Tamm, J. Reed, *J. Mol. Biol.* **2001**, *311*, 709–721.

[134] P. E. Schneggenburger, S. Müllar, B. Worbs, C. Steinem, U. Diederichsen, *J. Am. Chem. Soc.* **2010**, *132*, 8020–8028.

[135] J. R. Lakowicz, *Principles of Fluorescence Spectroscopy*, Springer, **2006**.

[136] K. van Holde, W. C. Johnson, P. S. Ho, *Principles of Physical Biochemistry*, Prentice-Hall, **2006**.

[137] L. Chernomordik, M. M. Kozlov, J. Zimmerberg, *J. Membr. Biol.* **1995**, *146*, 1–14.

[138] S. Takamori, M. Holt, K. Stenius, E. A. Lemke, M. Gronborg, D. Riedel, H. Urlaub, S. Schenck, B. Brügger, P. Ringler, S. A. Müller, B. Rammner, F. Gräter, J. S. Hub, B. L. D. Grot, G. Mieskes, Y. Moriyama, H. Grubmüller, J. Heuser, F. Wieland, R. Jahn, *Cell* **2006**, *127*, 831–846.

[139] T. Förster, *Ann. Physik* **1948**, *437*, 55–75.

[140] N. Duzgunes, T. M. Allen, J. Fedor, D. Papahadjopoulos, *Biochemistry* **1987**, *26*, 8435–8442.

[141] J. Wilschut, D. Papahadjopoulos, *Nature* **1979**, *281*, 690–692.

[142] J. Wilschut, N. Duzgunes, R. Fraley, D. Papahadjopoulos, *Biochemistry* **1980**, *19*, 6011–6021.

[143] J. N. Weinstein, S. Yoshikami, P. Henkart, R. Blumenthal, W. A. Hagins, *Science* **1977**, *195*, 489–492.

[144] D. A. Kendall, R. C. MacDonald, *Anal. Biochem.* **1983**, *134*, 26–33.

[145] R. El Jastimi, M. Lafleur, *Biospectroscopy* **1999**, *5*, 133–140.

[146] R. O'Brien, J. E. Ladbury, B. Z. Chowdry, *Isothermal titration calorimetry of biomolecules*, Oxford University Press, **2000**.

[147] S. Duhr, D. Braun, *Physical Rev. Let.* **2006**, *96*, 168301.

[148] C. Ludwig, *Sitzungsbericht. Kaiser. Akad. Wiss. (Mathem.-Naturwiss. Cl.)* **1856**, *65*, 539.

[149] C. Soret, *Arch. Geneve* **1879**, *3*, 48–64.

[150] S. Duhr, D. Braun, *Proc. Natl. Acad. Sci. USA* **2006**, *103*, 19678–19682.

[151] P. Baaske, C. J. Wienken, P. Reineck, S. Duhr, D. Braun, *Angew. Chem. Int. Ed.* **2010**, *49*, 2238–2241.

[152] P. Baaske, C. Wienken, S. Duhr, *Photonik* **2009**, 22–24.

[153] B. Zelent, T. Troxler, J. M. Vanderkooi, *J. Fluoresc.* **2006**, *17*, 37–42.

[154] L. Song, E. J. Hennink, I. T. Young, H. J. Tanke, *Biophys. J.* **1995**, *68*, 2588–2600.

[155] K. Meyenberg, Diplomarbeit, Universität Göttingen, **2007**.

[156] M. Schnölzer, S. B. H. Kent, *Science* **1992**, *256*, 221–225.

[157] P. E. Dawson, M. J. Churchill, M. R. Ghadiri, S. B. H. Kent, *J. Am. Chem. Soc.* **1997**, *119*, 4325–4329.

[158] M. Dittmann, J. Sauermann, R. Seidel, W. Zimmermann, M. Engelhard, *J. Pept. Sci.* **2010**, *16*, 558–562.

[159] J. E. Moses, A. D. Moorhouse, *Chem. Soc. Rev.* **2007**, *36*, 1249–1262.

[160] S. Cortekar, Dissertation, Universität Göttingen, **2009**.

[161] P. E. Schneggenburger, B. Worbs, U. Diederichsen, *J. Pep. Sci.* **2010**, *16*, 10–14.

[162] A. Nadler, J. Strohmeier, U. Diederichsen, *Angew. Chem. Int. Ed.* **2011**, *angenommen*.

[163] T. Beuermann, Bachelorarbeit, Universität Göttingen, **2010**.

[164] E. Atherton, R. C. Sheppard, *Solid Phase Peptide Synthesis*, IRL Press, Oxford, **1989**.

[165] M. Schnölzer, P. Alewood, A. Jones, D. Alewood, S. B. H. Kent, *Int. J. Pept. Prot. Res.* **2007**, *13*, 31–44.

[166] J. A. Ernst, *Journal of Biological Chemistry* **2002**, *278*, 8630–8636.

[167] F. Dumas, M. C. Lebrun, J. F. Tocanne, *FEBS Lett.* **1999**, *458*, 271–277.

[168] J. F. Ellena, B. Liang, M. Wiktor, A. Stein, D. S. Cafiso, R. Jahn, L. K. Tamm, *Proc. Natl. Acad. Sci. USA* **2009**, *106*, 20306–20311.

[169] J. L. Rigaud, D. Lévy, *Methods Enzymol.* **2003**, *372*, 65–86.

[170] C. G. Schütte, K. Hatsuzawa, M. Margittai, A. Stein, D. Riedel, P. Küster, M. König, C. Seidel, R. Jahn, *Proc. Natl. Acad. Sci. USA* **2004**, *101*, 2858–2863.

[171] R. Schubert, *Methods Enzymol.* **2003**, *367*, 46–70.

[172] A. Stein, Dissertation, Freie Universität Berlin, **2007**.

[173] J. Ren, S. Lew, J. Wang, E. London, *Biochemistry* **1999**, *38*, 5905–5912.

[174] S. Lew, J. Ren, E. London, *Biochemistry* **2000**, *39*, 9632–9640.

[175] D. T. Bong, A. Janshoff, C. Steinem, M. R. Ghadiri, *Biophys. J.* **2000**, *78*, 839–845.

[176] T. J. Siddiqui, O. Vites, A. Stein, R. Heintzmann, R. Jahn, D. Fasshauer, *Mol. Biol. Cell* **2007**, *18*, 2037–2046.

[177] J. F. Nagle, S. Tristram-Nagle, *Curr. Opin. Struc. Biol.* **2000**, *10*, 474–

480.

[178] D. P. Pantazatos, S. P. Pantazatos, R. C. MacDonald, *J. Membrane Biol.* **2003**, *194*, 129–139.

[179] X. Chen, D. Arac, T. M. Wang, C. J. Gilpin, J. Zimmerberg, J. Rizo, *Biophys. J.* **2006**, *90*, 2062–2074.

[180] A. V. Pobbati, *Science* **2006**, *313*, 673–676.

[181] J. Rizo, X. Chen, D. Arac, *Trends Cell Biol.* **2006**, *16*, 339–350.

[182] J. A. McNew, T. Weber, F. Parlati, R. J. Johnston, T. J. Melia, T. H. Söllner, J. E. Rothman, *J. Cell Biol* **2000**, *150*, 105–117.

[183] F. Li, F. Pincet, E. Perez, W. S. Eng, T. J. Melia, J. E. Rothman, D. Tareste, *Nat. Struct.Mol. Biol.* **2007**, *14*, 890–896.

[184] R. Fernandez-Chacón, A. Königstorfer, S. H. Gerber, J. Garcia, M. F. Matos, C. F. Stevens, N. Brose, J. Rizo, C. Rosenmund, T. C. Südhof, *Nature* **2001**, *410*, 41–49.

[185] H. T. McMahon, M. Missler, C. Li, T. C. Südhof, *Cell* **1995**, *83*, 111–119.

[186] J. Tang, A. Maximov, O. Shin, H. Dai, J. Rizo, T. C. Südhof, *Cell* **2006**, *126*, 1175–1187.

[187] X. Chen, D. R. Tomchick, E. Kovrigin, D. Arac, M. Machius, T. C. Südhof, J. Rizo, *Neuron* **2002**, *33*, 397–409.

[188] D. W. Wilson, S. W. Whiteheart, M. Wiedmann, M. Brunner, J. E. Rothman, *J. Cell Biol.* **1992**, *117*, 531–538.

[189] J. J. Sieber, K. I. Willig, C. Kutzner, C. Gerding-Reimers, B. Harke, G. Donnert, B. Rammner, C. Eggeling, S. W. Hell, H. Grubmüller, T. Lang, *Science* **2007**, *317*, 1072–1076.

[190] M. R. de Planque, J. A. Kruijtzer, R. M. Liskamp, D. Marsh, D. V. Greathouse, R. E. Koeppe, B. de Kruijff, J. A. Killian, *J. Biol. Chem.* **1999**, *274*, 20839–20846.

[191] J. A. Killian, *FEBS Lett.* **2003**, *555*, 134–138.

[192] D. K. Struck, D. Hoekstra, R. E. Pagano, *Biochemistry* **1981**, *20*, 4093–4099.

[193] J. N. Weinstein, S. Yoshikami, P. Henkart, R. Blumenthal, W. A. Hagins, *Science* **1977**, *195*, 489–492.

[194] J. Wilschut, D. Papahadjopoulos, *Nature* **1979**, *281*, 690–692.

[195] A. Cypionka, A. Stein, J. M. Hernandez, H. Hippchen, R. Jahn, P. J. Walla, *Proc. Natl. Acad. Sci. USA* **2009**, *106*, 18575–18580.

[196] G. van den Bogaart, S. Thutupalli, J. H. Risselada, K. Meyenberg, M. Holt, D. Riedel, U. Diederichsen, S. Herminghaus, H. Grubmül-

ler, R. Jahn, *Nat. Struct. Mol. Biol.* **2011**, *18*, 805–812.

[197] S. McLaughlin, A. Aderem, *Trends Biochem. Sci.* **1995**, 272–276.

[198] M. Glaser, S. Wanaski, C. A. Buser, V. Boguslavsky, W. Rashidzada, A. Morris, M. Rebecchi, S. F. Scarlata, L. W. Runnels, G. D. Prestwich, J. Chen, A. Aderem, J. Ahn, S. McLaughlin, *J. Biol. Chem.* **1996**, *271*, 26187–26193.

[199] M. Sundaram, H. W. Cook, D. M. Byers, *Biochem. Cell Biol.* **2004**, *82*, 191–200.

[200] C. Eggeling, C. Ringemann, R. Medda, G. Schwarzmann, K. Sandhoff, S. Polyakova, V. N. Belov, B. Hein, C. von Middendorff, A. Schönle, S. W. Hell, *Nature* **2008**, *457*, 1159–1162.

[201] D. Kweon, C. S. Kim, Y. Shin, *Biochemistry* **2002**, *41*, 9264–9268.

[202] D. H. Murray, L. K. Tamm, *Biochemistry* **2009**, *48*, 4617–4625.

[203] R. Laage, J. Rohde, B. Brosig, D. Langosch, *J. Biol. Chem.* **2000**, *275*, 17481–17487.

[204] D. Williams, J. Vicogne, I. Zaitseva, S. McLaughlin, J. E. Pessin, *Mol. Biol. Cell* **2009**, *20*, 4910–4919.

[205] K. Bacia, C. G. Schuette, N. Kahya, R. Jahn, P. Schwille, *J. Biol. Chem.* **2004**, *279*, 37951–37955.

[206] S. C. Gill, P. H. von Hippel, *Anal. Biochem.* **1989**, *182*, 319–326.

Danksagung

Zunächst möchte ich mich bei den Mitgliedern der Prüfungskommision bedanken. Besonderer Dank geht an Prof. Dr. REINHARD JAHN für die Übernahme des Korreferats sowie für die Möglichkeit Experimente in seinen Laboren durchführen zu können.

Ich danke Dr. ANNIKA GROSCHNER und ANTONINA LYGINA für die Diskussionen in der *SNARE group*. ANTONINA danke ich für die nette Zusammenarbeit und den Austausch trotz des sehr ähnlichen Themas. Die drei Jahre wären bei einer Konkurrenz sicher nicht so angenehm gewesen. FRIEDERIKE FEHR danke ich für den Erfahrungsaustausch und das gegenseitige Ermutigen über die gesamte Promotionszeit. Dr. ANDRÉ NADLER danke ich für Diskussionen über Syntheseprobleme, über sinnvolle und weniger sinnvolle Experimente und für alles abverlangende Kickerspiele. DANIEL FRANK danke ich für seine Hilfe bei Computer-Problemen und für die unzähligen technischen Verbesserungen, die er seit seinem Wechsel zu uns eingerichtet hat. Allen Mitglieder der Arbeitsgruppe Diederichsen danke ich für die angenehme Zeit während der Diplomarbeit und der Dissertation.

Meinen aktuellen und ehemaligen Laborkollegen – BRIGITTE WORBS, Dr. RATIKA SRIVASTAVA, Dr. MARIANA DAMIAN, CORNELIA PANSE, DANIELA DIEDRICH und JAN-DIRK WEHLAND – danke ich für die gute Atmosphäre im Labor 102 *[...the best lab in AKD...]*. Besonders möchte ich Brigitte für ihre Hilfe bei den Bausteinen für die β-Peptid-Synthese und bei der Betreuung der Bachelorstudenten danken.

Besonderer Dank gilt Dr. GEERT VAN DEN BOGAART, der mich im Rahmen des SFB 803 in die Techniken zur Untersuchung der Vesikelfusion eingeführt hat. Aus einer anfangs einseitigen „Zusammenarbeit"ist eine sehr enge Kooperation entstanden, aus der interessante Forschungsergebnisse hervorgegangen sind. Ich danke GEERT für seine ständige Diskussionsbereitschaft und seine Hilfestellungen bei den Experimenten.

Für die angenehme Atmosphäre in der JAHN-Gruppe danke ich weiterhin Dr. MATTHEW HOLT, Dr. SAHEEB AHMED, Dr. GOTTFRIED MIESKES und HAYDER AMIN.

Ich danke meinen beiden Bachelorstudenten Till Beuermann und Barbara Hubrich für ihr sehr selbständiges Arbeiten. Teile Eurer Ergebnisse sind in diese Arbeit eingeflossen.

Für das Korrekturlesen dieser Arbeit danke ich Katrin Schiffel, Juliane Gräfe, Dr. Geert van den Bogaart, Eike-Fabian Sachs, Dr. André Nadler, Cornelia Panse und Stefan Müllar.

Juliane Gräfe danke ich weiterhin für unzählige Hilfen bei Vorlesungs-, Übungs- und Klausurvorbereitungen, bei Bestellungen und sonstigem „Papierkram".

In den analytischen Abteilungen danke ich besonders Györgyi Sommer-Udvarnoki für unzählige Messungen. Vielen Dank an die Mitarbeiter der Werkstätten des Instituts sowie die Hausmeister für die schnelle Ausführung von Reparaturen oder Neuanfertigungen.

Tobias Beck danke ich für die Mühen beim Versuch der Kristallisation des Nukleobasen-funktionalisiert β-Peptids. Ich bin davon überzeugt, dass das Vorhaben einzig an einer zu geringen Peptidmenge gescheitert ist.

Moritz & Claudia, Peter & Maren, Tobias & Anne danke ich für die Freundschaft. Ohne Euch wäre das Studium nicht so entspannt gewesen.

Katrin Schiffel danke ich für ihre Liebe in zwölf gemeinsamen Jahren und besonders für das Verständnis in der anstrengenden heißen Phase der Dissertation.

Mein größter Dank gilt meinen Eltern, meinen Geschwistern und meiner gesamten Familie, die mich während des Studiums uneingeschränkt unterstützt haben.

Lebenslauf

Name:	Karsten Meyenberg
Geburtsdatum:	08.09.1981
Geburtsort:	Göttingen
Staatsangehörigkeit:	deutsch

Schulausbildung und Studium

1988 - 1992	Grundschule in Langenholtensen
1993/1994	Orientierungsstufe in Northeim
1994 - 2001	Gymnasium Corvinianum in Northeim
07/2001 - 03/2002	Grundwehrdienst
10/2002 - 09/2007	Chemiestudium an der Georg-August-Universität in Göttingen
01/2007 - 09/2007	Diplomarbeit mit dem Thema: *"Zur Synthese von Nukleobasen-funktionalisierten β-Peptiden nach Vorbild des Synaptobrevins"* bei Prof. Dr. ULF DIEDERICHSEN am Institut für Organische und Biomolekulare Chemie der Georg-August-Universität Göttingen
09/2007	Diplomhauptprüfung
11/2007 - 07/2011	Dissertation mit dem Thema: *"Synthese und Untersuchungen von peptidischen Modellsystemen für SNARE-induzierte Membranfusion"* bei Prof. Dr. ULF DIEDERICHSEN am Institut für Organische und Biomolekulare Chemie der Georg-August-Universität Göttingen
07/2011	Promotionsprüfung

Lehre

11/2007 - 08/2010   o Übungsassistent der Vorlesung *Methoden der Chemie I: NMR-Spektroskopie* im Bachelorstudiengang Chemie

                             o Assistent im Praktikum für Mediziner

                             o Assistent im Praktikum für Organische Chemie für Fortgeschrittene

                             o Übungs- und Klausurassistent der Vorlesung *Synthesemethoden in der Organischen Chemie* im Diplom- bzw. Masterstudiengang Chemie

05/2010-09/2010 &
03/2011-06/2011   Betreuung von Bachelorstudenten

Göttingen, im Mai 2011

Karsten Meyenberg